マイニングやNFTを 無料で
本格運用できる

ブロックチェーンを
作る!

安田 恒 著

秀和システム

はじめに

　最近、「Web3」という言葉がメディアで頻繁に取り扱われています。このWeb3（特定の組織に依存しない自律分散型ネットワーク）を実現するための中心技術が「ブロックチェーン」です。

　「ブロックチェーンがどういうものか、なんとなくは分かるけど具体的に何ができて何ができないのかよく分からない」という方も多いのではないでしょうか？

　何かを理解するためいちばん確実な方法はそれを作ってみることです。

　本書では初心者向けのプログラミング言語であるPythonを使って世界中の誰でも参加できる形でオリジナルのブロックチェーンを構築します。このため、悪意のある第三者にブロックチェーンを改ざんされない仕組みを組み込みます。その過程で電子署名やハッシュ関数などについても学べます。

　膨大な量のプログラムを作る必要はなく、400行程度のPythonのスクリプト群でオリジナルのブロックチェーンを稼働させることができます（しかも場合によっては無料で！）。

　本書の対象となる読者像としては以下を想定します。

・Pythonで簡単なプログラムを書いたことがある。
・ブロックチェーンの仕組みに興味がある。
・自分の仕事にブロックチェーンを取り入れてみたいが、社内に詳しい者や外注する資金などが無い。
・既存のブロックチェーン（ビットコインやイーサリアムなど）を利用するのがコスト面・技術面で難しく感じる。

　本書で紹介するブロックチェーンを使えばNFT（Non-Fungible Token）をやりとりしてその仕組みも理解することができるようになります。

　たとえば、自分で開発したゲームの中でNFTを発行したりそれを譲渡したりすることもできるようになります。

このブロックチェーンを足がかりにして仕事の幅を広げてみませんか？オリジナルのブロックチェーンを作ってその仕組みを理解して自分の仕事にも応用していきましょう！

　なお、本書はWindows10上でAnaconda3 2023.03-1（Python 3.10.9 64-bit）を使って動作確認を行っています。

2023年9月

著者

目次

はじめに ………………………………………………………………………… 2

本書の使い方と注意点 …………………………………………………………… 8

第1章　ブロックチェーンとは

1-1　トランザクションとブロックチェーン …………………………… 12

1-2　マイニングとは ……………………………………………………… 14

第2章　トランザクション（取引記録）を作ろう

2-1　Pythonのリスト型と辞書型でトランザクションを書いてみよう … 18

2-1-1.Pythonのインストール ……………………………………………… 18

2-1-2.リスト型と辞書型 ……………………………………………………… 19

2-1-3.トランザクションの作成を実装 ……………………………………… 20

2-2　トランザクションを偽造されないために電子署名を加えよう … 22

2-2-1.電子署名を理解しよう ………………………………………………… 22

2-2-2.トランザクションへの電子署名の実装 ……………………………… 25

2-2-3.取引記録が本物かどうか検証する …………………………………… 28

第3章　誰でもトランザクションを見られるように
　　　　サーバに保存しよう

3-1　AWSを使ってウェブサーバを作ろう ……………………………… 32

3-1-1.AWSのEC2セットアップ ………………………………………… 32

3-1-2.インスタンスの操作およびサーバへの接続 ………………………… 41

3-1-3.FastAPIとは …………………………………………………………… 46

3-1-4.FastAPIを使って簡単なメッセージを返してみよう …………… 46

3-2　トランザクションを送受信しよう ……………………………… 49
3-2-1. 送信側の実装 ………………………………………………………………… 49
3-2-2. 受信側の実装 ………………………………………………………………… 51
3-2-3. 動作確認 ……………………………………………………………………… 54
3-3　トランザクション処理の問題点を解決しよう …………… 57
3-3-1. Blockchainクラスを導入しよう ……………………………………… 58
3-3-2. トランザクションのリユースと逆送金を無くそう ………………… 60
3-3-3. トランザクションデータをサーバ上で保存しよう ………………… 61
3-4　トランザクションのテストをしてみよう ………………… 64
3-4-1. Pythonスクリプトを使ってトランザクションを取得 …………… 64
3-4-2. トランザクションのリユースをテスト ……………………………… 67
3-4-3. マイナスのコイン（逆送金）をテスト ……………………………… 68
3-5　ローカルでサーバを立ち上げよう ………………………… 69

第4章　ブロックチェーンを作ろう

4-1　トランザクションだけでは足りない理由 ………………… 72
4-1-1. 支払いの順番が定まっていないのが問題 …………………………… 72
4-1-2. 最初のコインはどこからくるのか …………………………………… 74
4-2　マイニングによるブロックチェーンによる台帳維持の仕組み … 75
4-2-1. ハッシュ関数とは …………………………………………………………… 75
4-2-2. マイニングの難易度と報酬について ………………………………… 78
4-2-3. シンプルなマイニングの実装 ………………………………………… 80
4-3　アカウント残高を把握できるようにしよう ……………… 96
4-3-1. サーバ側で残高チェックして不良ブロックチェーンを受信しないようにしよう … 97
4-3-2. マイナー側で残高チェックしてトランザクションを選ぼう … 100
4-4　様々なテストしよう ………………………………………… 104

第5章　サーバを増やそう

5-1　複数サーバでブロックチェーンを維持しよう ·········· 108

5-1-1.AWS上で新しいサーバを準備しよう ·········· 108

5-1-2.マイニング前のブロックチェーンとトランザクションプールのチェック··· 109

5-1-3.複数サーバでトランザクションのテストをしよう ·········· 113

5-1-4.複数サーバでマイニングのテストをしよう ·········· 120

5-2　ブロックチェーン維持のために必要な機能を加えよう ·········· 125

5-2-1.マイニングの難易度調整 ·········· 125

5-2-2.マイニング報酬の自動調整 ·········· 134

第6章　NFTを作って送ろう

6-1　NFTとは ·········· 142

6-1-1.最も簡単なNFTの例 ·········· 142

6-1-2.NFTにはオンとオフの2種類がある ·········· 143

6-1-3.NFTの規格（ERC-721など）に準拠しなくても大丈夫？ ·········· 144

6-2　NFTの二重譲渡問題（コインとの違い） ·········· 145

6-2-1.発行者による二重譲渡は防げない ·········· 145

6-2-2.流通者による二重譲渡を防ぐための実装 ·········· 145

6-3　NFTの具体例 ·········· 156

6-3-1.自分で作成したドット絵や写真をNFTとして発行する ·········· 157

6-3-2.自分で作曲した音楽をNFTとして発行する ·········· 159

6-3-3.ゲーム内のアイテムをNFTとして流通させる ·········· 160

6-4　様々なテストしよう ·········· 161

第7章　より本格的なブロックチェーンのために

7-1　継続的なサーバ運用に向けて ———————————— 168

7-1-1.自動起動の設定 ———————————————————— 168

7-1-2.ElasticIP の導入 ———————————————————— 171

7-2　サーバのアップグレード ———————————— 175

7-2-1.現状把握 —————————————————————————— 175

7-2-2.CPU の高速化 ———————————————————————— 176

7-2-3.マルチプロセス化 ———————————————————— 177

7-3　その他運用に際し留意する点 ———————— 182

7-3-1.何ブロック伸びれば安心か ————————————— 182

7-3-2.51% 攻撃 ——————————————————————————— 183

7-3-3.ブロックチェーンのすり替え ——————————— 184

7-3-4.新規サーバの加入をどうするか —————————— 185

7-3-5.システムは更新され続ける ————————————— 186

索引 ———————————————————————————————— 188

■本書の使い方と注意点

●本書を読むために

　本書は初心者向けプログラム言語の「Python」を使って「ブロックチェーン」
を「AWSサーバ」上に構築して本格運用を行う方法と操作を解説した入門書で
す。なお、「本格運用」とは、機能を「体験・利用」できるという意味であり、商業
的な利用や多人数利用を保証するものではありません。

　ブロックチェーンを構築するために必要なPythonのソースコードは、弊社
Webサイトからダウンロード可能です。提供したPythonのソースコードは、本
書に記載のAWS環境で動かす場合は、そのままで動作しますが、追記時の改行
位置の誤りやミスタイプなどで正常に動作をしない場合もあります。弊社および
著者は、デバッグのサポートは行いません。予めご承知ください。

　また、AWSの設定と利用にはインターネットへの接続やユーザ登録が必須で
す。インターネットを利用できない環境では、本書の内容を再現することはでき
ません。

　加えて、無料でAWSを利用できるのは「最長で1年間」です。これは、「AWS
無料利用枠」を活用しているためで、既に無料枠を利用されている人など無料枠
が無い人は、AWSの利用が有料となります。AWSの無料利用枠の詳細は、「AWS
無料利用枠」で検索して最新のページを参照してください。下記は出版時のWeb
ページです。

本書は、無料で利用できる点に注目してAWSの「t2.micro」の利用を前提に解説をしております。「t2.micro」は、AWSが提供するサービスであり運用に関してはAWSに依存します。本書が「t2.micro」のサービスや機能を保証するものではありません。なお、本書の7章にて「c6a.4xlarge」など、より高いパフォーマンスが出せるインスタンスタイプの使用についても紹介しておりますが、こちらの利用は有料となりますことをご承知ください。

　本書の記載内容に従って、Pythonのソースリストに追記を行う場合やAWSの設定を行うには、「Windows」や「Linux」などパソコンとインターネットの基本的な操作の理解と知識が必要となります。

●Windowsのパス表記の注意

　Windowsのファイルはツリー構造となっていて、ルートから枝分かれするファイルやフォルダの位置を示すために「パス」と呼ばれる表記を使います。

　実際のパスは、日本語Windowsでは、「c:¥」や「c:¥blockchain」として表示されますが、本書では「¥」を「\」で示しています。「c:\」や「c:\blockchain」などの「\」はキーボードの［¥］キーから入力できます。

●改行位置の注意

　Pythonのソースリストには、1行が長い箇所があり、紙面の都合で、は折り返して印刷している箇所があります。

　改行を誤らないように、ソースリストには「罫線」を表示しております。罫線と罫線で囲まれた範囲が1行です。

　下記のようなリストに2行が罫線で囲まれた2行は、長い1行として入力してください。途中で〔Enter〕キーで改行するとエラーを発生したり誤動作する可能性があります。Pythonの追記時は、特にご注意ください。

```
import requests                                              ┐1行

res = requests.get("http://xxx.xxx.xxx.xxx:8000/transaction_ ┐1行
pool")

transactions_dict = res.json()

print(transactions_dict["transactions"])
```

●Pythonソースリストのダウンロード

　本書で使えるPythonのソースコードは、弊社Webサービス（https://www.shuwasystem.co.jp/）から「サポート」を選択して、ISBNコードで検索してダウンロードから入手ができます。

▲いちばん下までスクロールしてください。

　弊社Webページの最下部にある「サポート」をクリックしてサポートページを開きます。

　検索欄に本書籍のISBNコードである「9784798070278」を入力して〔Enter〕キーを押して、表示される検索結果からサポートページに移動して、ダウンロードしてください。

▲「9784798070278」を検索枠に入力して検索してください。

　なお、下記のURLをWebブラウザのアドレス欄に入力して、直接サポートページを開いてダウンロードすることもできます。

【URL】https://www.shuwasystem.co.jp/support/7980html/7027.html

第1章

....

ブロックチェーンとは

　この章では、プログラムを作成する前に「ブロックチェーン」の全体像をざっくりと説明します。細かい部分は、作りながら理解するとしても、大まかに「ブロックチェーンというものが、何なのか」を把握しておいた方がプログラムの理解が進みやすくなると思います。

1-1

トランザクションとブロックチェーン

　ブロックチェーンという概念を考えたのは、「**サトシ ナカモト**」という人物（もしくはチーム）であり、以下の論文で書かれているように「**ビットコイン**」という通貨システムのために考えられた技術です。

https://bitcoin.org/bitcoin.pdf

（日本語訳は https://bitcoin.org/files/bitcoin-paper/bitcoin_jp.pdf）

　たかだか、10枚程度の論文で、ブロックチェーンを作るための具体的なプログラムは1行も書かれていませんが、「ブロックチェーンに必要なエッセンスは、ギュッと詰まっている」ので、時間があるときに目を通しておくとよいと思います。

　「ブロックチェーンとは、何か」を一言で言うと「ルールを決めて衆人環視の下、台帳を維持する仕組み」ということになります。**台帳**というのは、たとえば「AさんがBさんに1コインを送りました」とか「CさんがBさんに3コインを送りました」という情報が延々と記されたものです。

　ここで、「**コイン**」という単位を使いましたが、これは「イーサ」でも「サトシ」でも、何でもよいのですが、本書では使用する通貨の単位として「コイン」を使います。

　さらに、「衆人環視の下、台帳を維持する」ためには、たとえば以下のような「文字を表示するウェブページ」を作成して誰でも見られるようにします。これを一定のルールの下で皆が編集できるようにすれば、「**ブロックチェーン**」の完成です。

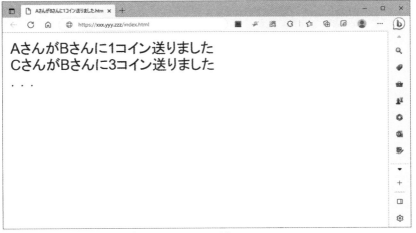

■画面1-1　超単純化したブロックチェーンの例

　「それだけ？」と思われるかもしれませんが、超単純化をすれば、これだけです。これを、悪意のある人物に「改ざんされないようにする」ために、色々な仕組みが必要となりますが、ざっくりと言えば、これだけです。

　また、この台帳の1行、1行を、「**トランザクション**」と呼びます。台帳（つまり、ブロックチェーン）にトランザクションを加えていくことによって通貨システムが機能することになりますが、画面1-1のどこが「ブロック」で「チェーン」なのでしょうか？

　実は、トランザクションは、ある程度まとまってから台帳に書き込まれます。そのまとまりを「**ブロック**」と呼んでおり、そのブロックが連なって台帳全体を構成するので「**ブロックチェーン**」と呼ばれているわけです。

　詳細については後述しますので、とりあえず今は、「画面1-1がブロックチェーンの中身だ」と理解していれば充分です。

1-2

マイニングとは

さて、画面1-1を見て「あれ？　Aさんは、コインをそもそもどこからもらったんだ？」と思われた方は鋭いです。このままだと、誰でも、いくらでも、勝手にコインを送ることができるようになってしまいます。

前節で、「トランザクションは、ある程度まとまってから（ブロックとして）台帳に書き込まれます」と説明しました。このブロックを新たに台帳に加える作業を「**マイニング**」と呼びます。そして、このマイニングを行った人に、**報酬**としてシステムから一定のコインが与えられるルールになっています。

マイニングは、ブロック毎に「時間のかかる難解な計算問題」（ある種の数当てゲーム）を解かなければならないようになっており、早い者勝ちになっています。各ブロックで、「いちばん早く問題を解けた人」がシステムから一定のコインを受け取って、そのコインを使えるようになります。

実は、画面1-1はマイニング処理が省略された図で、マイニング処理も考慮したものは、画面1-2のようになります。ブロックの区切りも線で表示しました。

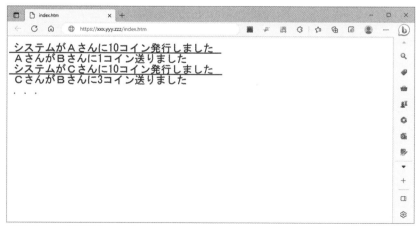

■画面1-2　超単純化したブロックチェーンの例（マイニングあり、線はブロックの区切り）

　画面1-1とあまり大きくは変わりませんが、「最初のコインは、どこから来たのか？」という疑問は、これで解決しました。Aさんも、Cさんもマイニングに成功していたのです。システムから10コインをもらうトランザクションが発生しています。

　「システムからいくらいくらもらえるか」は、予めルールとして決めておきます。マイニングについても詳細は後述しますので、今は画面1-2のイメージを頭の中で描ければOKです。

　これで最初からトランザクションを辿っていけば、「今誰がいくつコインを持っているか」というのが把握できるようになるので通貨システムとしては充分ということになります。

memo

第2章

....

トランザクション
（取引記録）を作ろう

前章でブロックチェーンのざっくりとしたイメージを掴みました。2章以降では、実際にプログラムを作成してブロックチェーンの仕組みを作っていきます。

この章では、ブロックチェーンの重要な構成要素であるトランザクションを作成してみます。作成するためには、Pythonの実行環境が必要です。そこで、Pythonの実行環境のインストールを行って、実際にスクリプト（Pythonでのソースコード）を入力して動かしていきます。

2-1

Pythonのリスト型と辞書型で
トランザクションを書いてみよう

この節では、実際にトランザクションを書き出すプログラムを作成して実行します。その際、Pythonの「**リスト型**」と「**辞書型**」を使います。

既に知っている皆さんには、復習もかねて説明していきます。

2-1-1.Pythonのインストール

まずは、Pythonの実行環境をPCにインストールしましょう。既に自分でPythonの実行環境をインストール済みの方は、この項は読み飛ばしてください。

本書では、「**Anaconda**」をインストールして使っていくことにします。以下のページを参考にして、Anacondaをインストールしてください。

https://www.python.jp/install/anaconda/windows/install.html

「Pythonの実行」の項目までを実施して、「Anaconda Prompt」を開いて「pythonコマンド」を実行できれば大丈夫です。

今後は、このAnaconda Promptを使って、Pythonのプログラムを実行していきます。

Pythonのスクリプトをエディットするときに使用するエディターソフトは、何でも大丈夫なのですが、本書では、「**Visual Studio Code**」を推奨しています。

以下のページを参考にしてインストールしてください。

https://www.python.jp/python_vscode/windows/setup/install_vscode.html

本書では、「Visual Studio Codeを純粋にエディターとしてしか、使用しない」ので、「メニューなどの日本語化」の項目まで実施すれば充分です。なお、メニューの日本語化も不要であれば、これも実施しなくてもかまいません。

それでは、きちんとインストールできたか確認しましょう。

以下のスクリプトをVisual Studio Codeで入力して、「test.py」というファイル名で適当な場所に保存してください。

```
print ("Hello Python!")
```

● リスト2-1　test.py

Anaconda Promptを開いたうえで、「test.py」を保存したディレクトリにcdコマンドで移動してから、以下のコマンドを実行してください。

```
python test.py
```

「Hello Python!」と表示されれば、大丈夫です。ちなみに、本書はPythonの「バージョン3.10」で動作の確認を行っています。

2-1-2. リスト型と辞書型

1章で紹介したトランザクションの例、「AさんがBさんに1コインを送りました」というのは、そのまま（自然言語のまま）では、Pythonのプログラムから扱いにくいので、簡単に扱えるように工夫をします。

トランザクションには、どのような情報が必要でしょうか？

実際は、後々に色々と加えていくことになりますが、現時点では「誰が誰にいくつコインを送った」という情報があれば充分です。念のため、これにトランザクションが発生した時間も加えておきましょう。

これを、Pythonの辞書型で表現すると以下のようになります。

```
transaction1 = { "time": "2023-08-03T12:58:45.452691+00:00",
"sender": "C", "receiver": "D", "amount": 1 }
```

上記の内容を確認しましょう。

まず、辞書型ですが、波括弧 ‖ で囲って表現します。そして、中身は「キーと値の組み合わせ」で埋めていきます。

たとえば、前記の例だと「sender」というキーに「C」という値が入っています。キーを指定することにより値を取り出すことができます。

　さらに、辞書型のtransaction1を定義したうえで、以下の式で「C」が取得できます。

```
transaction1["sender"]
```

　ちなみにキー「time」に設定している時間は、「**ISOフォーマット**」で指定したものです（リスト2-2参照）。"amount"は、コインの枚数なので、これで「いつ誰が、誰にいくつコインを送った」を表現ができています。

　トランザクションが1つだけなら辞書型だけでよいのですが、複数のトランザクションを表現するためには、リスト型も理解しておく必要があります。

　リスト型は、以下のように角括弧 [] で囲って表現します。これは、予め作成しておいた「transaction1, transaction2, transaction3」から1つのリスト型変数transactionsにまとめてみた例です。

```
transactions = [transaction1, transaction2, transaction3]
```

　ここで、以下のようにするとtransaction2を取得することができます。

```
transactions[1]
```

2-1-3. トランザクションの作成を実装

　それでは、実際にコードを書いてみましょう。

　PCのCドライブ直下に、「blockchain」という名前のフォルダを作成しましょう。今後は、そこにスクリプトを作成していきます。

　以下のスクリプトをVisual Studio Codeで入力して、「transaction.py」というファイル名で「blockchain」フォルダ内に保存してください。

```
import datetime

time_now = datetime.datetime.now(datetime.timezone.utc).
isoformat()
transaction1 = { "time": time_now, "sender": "C", "receiver":
"D", "amount": 1 }
time_now = datetime.datetime.now(datetime.timezone.utc).
isoformat()
transaction2 = { "time": time_now, "sender": "D", "receiver":
"E", "amount": 3 }
transactions = [transaction1, transaction2]
print(transactions)
```

●リスト2-2　transaction.py

　2-1-1と同様にAnaconda Promptで、「transaction.py」を実行すると、以下のように表示されることを確認してください。なお、現在時刻を、「datetime.datetime.now(datetime.timezone.utc).isoformat()」で取得しているので、「time」の内容は、実行時間によって異なるはずです。

```
[{'time': '2023-08-03T16:10:24.262233+00:00', 'sender': 'C',
'receiver': 'D', 'amount': 1},
{'time': '2023-08-03T16:10:24.262233+00:00', 'sender': 'D',
'receiver': 'E', 'amount': 3}]
```

　リスト型の中に、辞書型が埋め込まれている状態です。
　本書では、この形でトランザクションを扱っていきます。ちなみに、今回の例では、トランザクションを連続で作成したので、時間が全く一緒になってしまっていますが、実際には、それぞれ異なる時間が設定されるはずです。

2-2

トランザクションを偽造されないために
電子署名を加えよう

　ここまでのトランザクションを見ると、たとえば「AさんがBさんに1コイン
を送りました」という内容のトランザクションは、誰でも作成できてしまいます。
もし、Bさんが悪意のある人物だとすると「AさんがBさんに1コインを送りまし
た」というトランザクションを勝手に作成して、自分が使えるコインをいくらで
も増やせる（盗める）状態です。

　この状態を改善するために、「**電子署名**」という技術を使います。まず、電子署
名の技術について理解して、それから、スクリプトとして実装していきましょう。
　この節のスクリプトを実行する前に、必要なライブラリをAnaconda Prompt
上で以下のコマンドを使ってインストールしておいてください。

```
conda install -c conda-forge ecdsa pandas
```

2-2-1. 電子署名を理解しよう

　「電子署名」という言葉は、既に皆さんもご存じだと思いますが、ここでは、そ
の簡単な仕組みについて説明します。
　電子署名を行うためには、「**秘密鍵**」と「**公開鍵**」のペアが必要となります。
　秘密鍵は、ランダムに作成された数字の羅列で、公開鍵は秘密鍵から作成でき
ます。この秘密鍵を使って送りたい文書（データ）から電子署名を作成します。
　この電子署名が、「元の文書から作成されたものかどうか」の検証は、公開鍵で
行う仕組み（アルゴリズム）になっています。また、秘密鍵から公開鍵は簡単に作
成できますが、**公開鍵から秘密鍵を作成すること**は、現在のコンピュータが備え
る能力では、"事実上不可能"とされています。
　これにより、安全が確保されます。

実際に電子署名を行う場合のステップは以下の通りです。

---

1. 送信者（署名者）は、秘密鍵を作成し、この秘密鍵から公開鍵を作成する。
2. 送信者は、秘密鍵を使って送信したい文書から電子署名を作成する。
3. 送信者は、元の文書と電子署名を相手に送る。その際、公開鍵も一緒に送る。
4. 受信者は、公開鍵を使って電子署名が元の文書から作成されたものかどうか確認する。

これにより、正しい電子署名を公開鍵と共に送信してきた人物は、秘密鍵の所有者だと言えることになります。言い換えれば、「この公開鍵を作った人が、この文書を作成したと言える」ことになります。

ちなみに、「公開鍵の所有者が、具体的に誰なのかが分からないと、誰でもプログラムを使えば公開鍵を作成できるので、意味がないじゃないか？」と思われるかもしれません。

現実世界では、認証局など信頼の置ける第三機関が、公開鍵の所有者を身分証明書などで確認をしたうえで、「この公開鍵の所有者は○○にお住まいの××さんです」という保証をしてくれますが、ブロックチェーンでは、こういった仕組みは不要です（理由は後述します）。

実際にプログラムを実行した方が理解は進むと思うので、以下のスクリプトを「signature.py」というファイル名で作成してください。

```python
from ecdsa import SigningKey, BadSignatureError, SECP256k1

secret_key = SigningKey.generate( curve = SECP256k1)
print("秘密鍵:" + secret_key.to_string().hex())
public_key = secret_key.verifying_key
print("公開鍵:" + public_key.to_string().hex())

doc = "これは送信したい文書です。"
signature = secret_key.sign(doc.encode('utf-8'))
print("電子署名:" + signature.hex())
```

```
try:
    public_key.verify(signature, doc.encode('utf-8'))
    print("文書は改ざんされていません。")
except BadSignatureError:
    print("文書が改ざんされています。")
```

●リスト2-3　signature.py

　「signature.py」の内容を解説します。本書では、電子署名用のライブラリとして「**ecdsa**」を使用します。最初にSigningKey.generateメソッドを使って秘密鍵を作成します。引数として、「curve = SECP256k1」を指定しています。

　ecdsaでは、「**楕円曲線暗号**」というものを使っていますが、ここでは、暗号計算の際にビットコインと同じ「**Secp256k1**」と呼ばれる楕円曲線を使用するよう指定しています。楕円曲線暗号については、インターネット上に情報が沢山あるので、そちらを参考にしていただくとして、ここでの説明は割愛いたします。

　こうして算出された秘密鍵（**secret_key**）からverifying_keyメソッドを使って公開鍵（**public_key**）を取得しています。秘密鍵・公開鍵、共に見やすくするために16進数文字列として表示しています（秘密鍵は、64文字なので32バイト、公開鍵は128文字なので64バイトに相当します）。

　さらに、signメソッドを使って電子署名（**signature**）を算出します。引数には、送信したい文書（データ）をバイト型データにしたものを渡します。このため、「doc.encode('utf-8')」のようにして、日本語を含む文字列を文字コード「**UTF-8**」でエンコードしてから渡しています。

　これで、必要なもの（電子署名、元の文書、公開鍵）が揃ったので、これを受け取った側になったつもりで、public_keyのverifyメソッドで電子署名が元の文書から作成されたものかどうかを、検証をしています。

　この際、引数として電子署名と元の文書を与える必要があります。また、verifyメソッドは電子署名および文書が改ざんされていない場合は、「**True**」を返すのですが、そうでない場合は、「**False**」を返すのではなく、「**エラー**」（BadSignatureError）が発生する仕様になっているので、tryとexceptを使って例外処理を書いておく必要があります（書かないとプログラムが、ここで落ちます）。

　前記のスクリプトを、そのまま実行すれば、「文書は改ざんされていません。」
と表示されるはずです。試しにverifyメソッドを実行する直前で、docの内容を
改ざんしてください。その場合は、「文書が改ざんされています。」と、表示されれ
ば電子署名の検証は正しく行われています。

　ちなみに、分かりやすくするために、「文書は改ざんされていません。」と表示
していますが、厳密には、「電子署名および文書は改ざんされていません。」です。
よって、逆の場合も厳密には、「電子署名または文書が改ざんされています。」と
なります。

　しかし、この章では、トランザクション（つまり文書）が「改ざんされないよう
にすること」が、目的なので上記のような表現としています。

　ちょっと蛇足になりますが、この電子署名の説明をする際に、「文書を秘密鍵で
暗号化したものが電子署名で、これを公開鍵で復号する」と書かれているケース
がありますが、これは正しくないと思います。

　上記のスクリプトを実行すると分かりますが、文書がかなり長くても電子署名
の長さは変わりません。つまり、電子署名から元の文書が再現できるようになっ
てはいないのです。よって公開鍵で復号するのではなく、あくまでも「電子署名
が元の文書から作成されたか否かの判別を行う」というのが、正しい説明だと思
います。

2-2-2. トランザクションへの電子署名の実装

　前節で電子署名について説明しましたが、ここで、我々の目的をもう一度、思
い出してみると、「AさんがBさんに1コインを送りました」というトランザク
ションを、「Aさんだけが作成できるようにする」ことでした。そうすることに
よって、Aさんの財産であるコインを第三者が勝手に色々な相手に送るのを防ぐ
ことができます。

　ここで、トランザクションを作成する際に、今まで使っていた「A」という固有
名詞の代わりにAさんが作成した公開鍵（64バイト相当の16進数文字列）を使う
ようにしてみましょう。いわば、Aさんの「**アドレス**」としてAさんの作成した公
開鍵を使うわけです。BさんやCさんなど、他の人たちも同様です。

　公開鍵なので、お互いに「私のアドレスです」というように、オープンにしても

セキュリティ上の問題はありません。

　そうすると、Aさんが誰かにコインを送る場合、トランザクションの「sender」キーに対してAさんの公開鍵が値として設定され、そのトランザクションに対して電子署名が作成されることになります。今後は、この「sender」キーに対応する値を公開鍵として使うこととします。

　もし誰か、たとえば「BさんがAさんになりすまして、Aさんから自分に対してコインを送るトランザクションを作ろうとしたら」どうなるでしょうか？

　元の文書（トランザクション）の「sender」には、Aさんの作成した公開鍵が入っているので、トランザクションが改ざんされたか、どうかの検証には、Aさんしか作成できない電子署名が必要となります。よって、「BさんがAさんになりすまして、Aさんのアドレスから自分のアドレスに対して、コインを送るトランザクションを作成する」という、ことは不可能になります。

　それでは、実際にプログラムを実行して動作を確認しましょう。以下のスクリプトを「sign_transaction.py」というファイル名で作成してください。

```
import pandas as pd
import datetime
from ecdsa import SigningKey, SECP256k1
import binascii
import json

secret_key_A_str = "76f0446638f57dc78fe154f452b9a14d73b2a55d729
311ec8cf482883027b05d"
public_key_B_str = "f37996d4748fd4ccd58bb00fe73a3636ea1c6600a25
a4a1bb22627b01d274d7ce1d717c7e9b79394c8a260e2337f1d8eac78b66f94b
bdebddd5804fb8e0369b1"

secret_key_A = SigningKey.from_string(binascii.
unhexlify(secret_key_A_str), curve=SECP256k1)
public_key_A = secret_key_A.verifying_key
public_key_A_str = public_key_A.to_string().hex()
time_now = datetime.datetime.now(datetime.timezone.utc).
```

```
isoformat()

unsigned_transaction = { "time": time_now, "sender": public_
key_A_str, "receiver": public_key_B_str, "amount": 3 }

signature = secret_key_A.sign(json.dumps(unsigned_transaction).
encode('utf-8'))

transaction = { "time": time_now, "sender": public_key_A_str,
"receiver": public_key_B_str, "amount": 3 , "signature":
signature.hex()}


pd.to_pickle(transaction, "signed_transaction.pkl")
```

●リスト2-4　sign_transaction.py

　「sign_transaction.py」スクリプト中では、適当な値が入っていますが、皆さんが実行する際には、Aさんの秘密鍵（secret_key_A_str）の内容は、リスト2-3のsignature.pyを実行したときに表示される秘密鍵（32バイト相当の16進数文字列）から適当な1つをAさんの秘密鍵として選んで、コピー＆ペーストしてください。Bさんの「アドレス」になるBさんの公開鍵（public_key_B_str）も同様です。

　どれが、Aさんの秘密鍵でどれがBさんの公開鍵かは、後から分かるようにしておいてください。

　なお、Aさんの「アドレス」になる公開鍵は、Aさんの秘密鍵から作成します（同じ秘密鍵である限り常に同じ公開鍵が作成されます）。ちなみに、変数名に「_str」と付けているのは、これらが文字列であることを示すためです（スクリプトを書く際に、頭の中でゴチャゴチャにならないための工夫です）。

　この秘密鍵の文字列を、スクリプト中で使用できる秘密鍵オブジェクトに変換するために、binasciiライブラリのunhexlifyメソッドを使って16進数文字列をバイナリ形式に戻してからSigningKey.from_stringメソッドで秘密鍵オブジェクトを作成しています。そして、電子署名の対象文書（トランザクション）として、「unsigned_transaction」を作成しています。

　この文書に対して、秘密鍵オブジェクトを使用して電子署名を作成します。この電子署名を元のトランザクションに加えています。このため、最終的なトランザクションの要素が、リスト2-2のときより1つ増えています。なお、辞書型であるトランザクションから直接電子署名は、作成できないのでjsonライブラリのdumpsメソッドを使ってJSON形式に変換してから作成しています。

「JSON形式」については、とりあえず、「辞書型を{}、リスト型を[]で囲って文字列で表現したもの」と理解しておけば、大丈夫だと思います。

　このスクリプトでは、AさんからBさん宛てに3コインを送るトランザクションを作成して、電子署名を作成しています。さらに、それをファイル「signed_transaction.pkl」に保存しています。

　本番のブロックチェーンでは、トランザクションはウェブページ上に保存されますが、今は確認のためファイルに保存するようにしています。Pythonのライブラリpandasを使うと、Pythonのオブジェクトを、そのまま保存できます（pickle形式）。スクリプトを実行して「signed_transaction.pkl」が作成されることを確認しましょう。

2-2-3. 取引記録が本物かどうか検証する

　それでは、次に保存されたファイルを読み込んで、検証するスクリプト「verify_transaction.py」を以下の内容で作成して実行してみてください。

```python
import pandas as pd
from ecdsa import VerifyingKey, BadSignatureError, SECP256k1
import binascii
import json


transaction = pd.read_pickle("signed_transaction.pkl")
public_key_A = VerifyingKey.from_string(binascii.unhexlify(transaction["sender"]), curve=SECP256k1)
signature = binascii.unhexlify(transaction["signature"])


unsigned_transaction = {
    "time": transaction["time"],
    "sender": transaction["sender"],
    "receiver": transaction["receiver"],
    "amount": transaction["amount"]
}
```

```
try:
    public_key_A.verify(signature, json.dumps(unsigned_
transaction).encode('utf-8'))
    print("トランザクションは改ざんされていません。")
except BadSignatureError:
    print("トランザクションが改ざんされています。")
```

●リスト2-5　verify_transaction.py

　スクリプトの内容を見ていきましょう。前項で保存したファイルをtransaction
オブジェクトに読み込んで、そこから「sender」キーに該当する値から
VerifyingKey.from_stringメソッドを使ってAさんの公開鍵を取得しています。

　電子署名も、transactionオブジェクトから取得します。元の文書（トランザク
ション）は、電子署名を含んでいないので、それを再現してunsigned_transaction
に代入します（見やすくするために要素毎に改行しています）。

　これで、公開鍵・電子署名・元の文書が揃ったので検証可能です。

　スクリプトを実行すると、「トランザクションは改ざんされていません。」と表
示されたでしょうか？

　それでは、ここで悪者Bさんになったつもりで、このトランザクションを改ざ
んしてコインを盗むことができるか、試してみましょう。

　以下のスクリプト「cheat.py」を作成してください。

```
import pandas as pd

transaction = pd.read_pickle("signed_transaction.pkl")
print("改ざん前のトランザクション：")
print(transaction)
transaction = { "time": transaction["time"], "sender":
transaction["sender"], "receiver": transaction["receiver"],
"amount": 30 , "signature": transaction["signature"]}
print("改ざん後のトランザクション：")
print(transaction)
pd.to_pickle(transaction, "signed_transaction.pkl")
```

●リスト2-6　cheat.py

ここでは、保存したトランザクション（signed_transaction.pklファイル）を読み込んでからコインの数を3から30に増やしています。アドレスは、AさんのアドレスからBさんのアドレスに送金するので、そのままです。Aさんになりすまして電子署名を新たに作成するためには、Aさんの秘密鍵が必要になるので、作成はできません。なので電子署名は、そのままにしておきます。

　最後に、改ざんしたトランザクションを新たな「signed_transaction.pkl」ファイルとして保存しています。スクリプトを実行して、「signed_transaction.pkl」を上書きしてから「verify_transaction.py」を実行してください。今回は、「トランザクションが改ざんされています。」と表示されるはずです。

　これで、改ざんされないトランザクションを作成することが、できるようになりました。

　公開鍵自体をコイン送受信のアドレスとして使うだけで、このような、「改ざん不可能な仕組み」が、できてしまうということに、最初に気付いた人は天才です。

第3章

誰でもトランザクションを見られるようにサーバに保存しよう

　前章で、「改ざんが不可能な、トランザクションを作成する」ことができるようになりましたが、このままでは、単に「ローカルなPC上にトランザクションが記述されたファイルが存在する」だけで、「衆人環視の下、台帳を維持する」状態には、なっていません。

　この章では、作成したトランザクションを、誰でも見ることができるようにウェブサーバ上に保存できるようにします。また、見るだけでなく、誰でもトランザクションを新たにウェブサーバ上に加えられる仕組みも構築します。

　ちなみに、「サーバ」という言葉自体が、Web3と相容れない（Peer to Peerであるべき）と思われた方も、いらっしゃると思いますが、本書では、説明の分かりやすさを優先して、「サーバ」、「クライアント」という言葉を使っています。読み進めると、「クライアントサーバモデルではなくピアツーピアモデルをちゃんと使っているんだ」と、ご理解いただけると思います。何卒ご了承ください（何を言っているのか分からない人は、この文は無視しても大丈夫です）。

3-1

AWSを使ってウェブサーバを作ろう

　トランザクションを保存するウェブサーバは、どこのものを使用してもよいのですが、本書では、「**AWS (Amazon Web Services)**」を使用いたします。また、ウェブサーバを構築する仕組みも色々ありますが、本書では、「**FastAPI**」を使用して構築していきます。

3-1-1.AWSのEC2セットアップ

　それでは、早速ですがAWS上にウェブサーバを構築する準備をしましょう。

　まだ、AWSのアカウントを持っていない場合は、以下のウェブページを参照しながらアカウントを作成してください。

https://aws.amazon.com/jp/register-flow

　さて、アカウントを取得すると、「EC2サービス」が使えるようになります。

　「**Amazon EC2**」(Amazon Elastic Compute Cloud) は、簡単に言うと従量課金制のレンタルサーバです。ただし、初めて当該サービスを使う場合は、12ヶ月間は毎月750時間まで無料で利用できます (対象はt2.microインスタンスなど制限があり)。

　無料で利用できる「**t2.microインスタンス**」は、比較的に性能の低いサーバとなりますが、本書のブロックチェーンを試しに動かしてみる分には、充分な性能を備えています。なお、起動するのが、この「t2.microインスタンス」1台だけなら、12ヶ月間は無料で使えるということになります。

　本書の解説では、基本的に「t2.microインスタンス」を使ってブロックチェーンを構築していきます。ちなみに、無料枠が無い場合にEC2を使うと、何にどれくらい費用がかかるか、については、以下のURLで分かりやすく説明しています。

https://www.sejuku.net/blog/126872

「t2.microインスタンス」を、本書に沿った設定で動かすと、「東京リージョン」
でサーバ連続稼働1台につき、毎月12ドル程度かかるかと思います。価格は、常
に変更される可能性があるので、正確な情報は、下記のAWSの公式ページでご
確認ください。

https://aws.amazon.com/jp/ec2/pricing/on-demand/

　それでは、「t2.microインスタンス」を起動しましょう。基本的に以下の公式
ページのやり方に沿って進めますが、分かりかりにくい箇所がいくつかあるの
で、その部分は丁寧に説明していきます。

https://docs.aws.amazon.com/ja_jp/AWSEC2/latest/UserGuide/EC2_
GetStarted.html

　まず、以下のリンクにアクセスしてEC2のコンソール（画面3-1）を開きます
（AWSのアカウントが作成されていることが前提です）。

https://console.aws.amazon.com/ec2

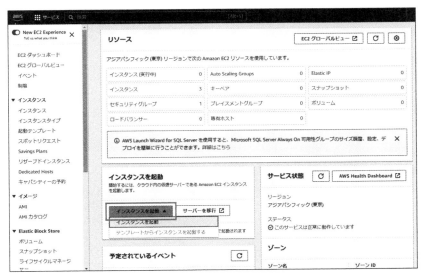

■画面3-1

　開いたページにある、オレンジ色の［インスタンスを起動］ボタンをクリック
します。

すると、以下のようなインスタンスを作成する画面3-2が表示されます。

順番に設定していきましょう。まずは、名前です。ここでは、「bc1」と入れておきましょう。blockchain1の略です。

■画面3-2

次にOSイメージですが、以下のように「Amazonマシンイメージ」のドロップダウンリストから「Amazon Linux 2 AMI」を選びましょう（「無料利用枠の対象」と書かれていることを確認しましょう）。

こちらは、最初からPythonに必要なものがインストールされていてすぐ使えるので便利です。

■画面3-3

その下の「インスタンスタイプ」は、デフォルトで「t2.micro」が選ばれていると思います。選ばれた状態なら、そのままで大丈夫です。

■画面3-4

次の「キーペア（ログイン）」のところでは、「新しいキーペアの作成」をクリックしてください。

■画面3-5

　ここでは、ローカルのPCからサーバにログインする際に必要となる.pemファイルを作成します。以下のように設定して、右下の［キーペアを作成］ボタンをクリックしてください。

■画面3-6

「blockchain1.pem」というファイルがダウンロードされるので、デスクトップに保存しておきましょう。

なお、「このファイルを盗まれるとサーバが乗っ取られてしまう」ので、取り扱いに注意しましょう。キーペアを作成すると、自動的に以下のように「キーペア名」が作成したキーペアになるはずです。もし、なっていない場合は、ドロップダウンリストから選択してください。

▼ キーペア (ログイン) 情報
キーペアを使用してインスタンスに安全に接続できます。インスタンスを起動する前に、選択したキーペアにアクセスできることを確認してください。

キーペア名 - 必須

| blockchain1 | ▼ |

C 新しいキーペアの作成

■画面3-7

次は、ネットワーク設定です。ここの右上の[編集]ボタンをクリックしてください。

▼ ネットワーク設定 情報   [編集]

ネットワーク 情報
.....

サブネット 情報
優先順位なし (アベイラビリティーゾーンのデフォルトサブネット)

パブリック IP の自動割り当て 情報
有効化

ファイアウォール (セキュリティグループ) 情報
セキュリティグループとは、インスタンスのトラフィックを制御する一連のファイアウォールルールです。特定のトラフィックがインスタンスに到達できるようにルールを追加します。

○ セキュリティグループを作成する
○ 既存のセキュリティグループを選択する

次のルールを使用して、「launch-wizard-1」という新しいセキュリティグループを作成します。

☑ からの SSH トラフィックを許可する
インスタンスへの接続

| 任意の場所 | ▼ |
| 0.0.0.0/0 | |

☐ インターネットからの HTTPS トラフィックを許可
エンドポイントをセットアップするには (ウェブサーバーの作成時など)

☐ インターネットからの HTTP トラフィックを許可
エンドポイントをセットアップするには (ウェブサーバーの作成時など)

⚠ 送信元が 0.0.0.0/0 のルールを指定すると、すべての IP アドレスからインスタンスにアクセスすることが許可されます。セキュリティグループのルールを設定して、既知の IP アドレスからのみアクセスできるようにすることをお勧めします。   ✕

■画面3-8

すると、下の図のように新たなセキュリティグループルールを追加できるようになります。

デフォルトのままだと、「sshコマンド」を使ってログインできるようには設定されていますが、「FastAPI」を使えるようには、なっていません。そこで、左下の［セキュリティグループルールを追加］ボタンをクリックしてください。

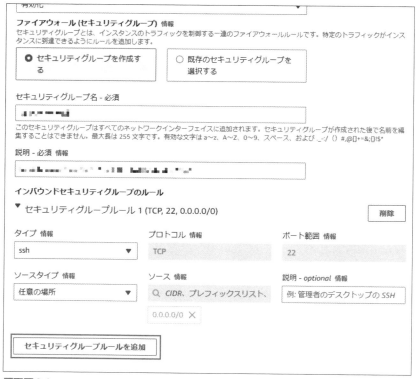

■画面3-9

「セキュリティグループルール2」が、下に追加されます。

以下のようにタイプは、「カスタムTCP」を選び、ポート範囲は、「8000」を入力、ソースタイプは、「任意の場所」を選んでください。

これで、FastAPIを使って接続できるようになります。

インバウンドセキュリティグループのルール

▼ セキュリティグループルール 1 (TCP, 22, 0.0.0.0/0)　　　　　　　　　[削除]

タイプ 情報　　　　　　　　　　プロトコル 情報　　　　　　　　　ポート範囲 情報

[ssh　　　　　　　　▼]　　[TCP]　　　　　　　　　　　[22]

ソースタイプ 情報　　　　　　　ソース 情報　　　　　　　　　　　説明 - optional 情報

[任意の場所　　　　　▼]　　[🔍 CIDR、プレフィックスリスト、]　[例: 管理者のデスクトップの SSH]

　　　　　　　　　　　　　　[0.0.0.0/0 ✕]

▼ セキュリティグループルール 2 (TCP, 8000, 0.0.0.0/0)　　　　　　　[削除]

タイプ 情報　　　　　　　　　　プロトコル 情報　　　　　　　　　ポート範囲 情報

[カスタム TCP　　　　▼]　　[TCP]　　　　　　　　　　　[8000]

ソースタイプ 情報　　　　　　　ソース 情報　　　　　　　　　　　説明 - optional 情報

[任意の場所　　　　　▼]　　[🔍 CIDR、プレフィックスリスト、]　[例: 管理者のデスクトップの SSH]

　　　　　　　　　　　　　　[0.0.0.0/0 ✕]

[セキュリティグループルールを追加]

■画面3-10

　最後に、サーバで使用するストレージの設定です。普通は、デフォルトのまま
で大丈夫です。

▼ **ストレージを設定** 情報　　　　　　　　　　　　　　　　　　　　　アドバンスト

1x [8]　　GiB [gp2　　　　　　▼] ルートボリューム (暗号化なし)

ⓘ 無料利用枠の対象のお客様は、最大 30 GB の EBS 汎用 (SSD) ストレージまたはマグネティックスト　✕
　レージを取得できます。

[新しいボリュームを追加]

0 x ファイルシステム　　　　　　　　　　　　　　　　　　　　　　　　　　編集

■画面3-11

　以上で、設定は終了です。

画面の右側にある「概要」の右下にある［インスタンスを起動］ボタンをクリックしてください。

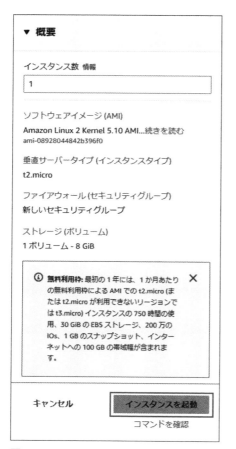

▼ 概要

インスタンス数 情報

```
1
```

ソフトウェアイメージ (AMI)
Amazon Linux 2 Kernel 5.10 AMI...続きを読む
ami-08928044842b396f0

垂直サーバータイプ (インスタンスタイプ)
t2.micro

ファイアウォール (セキュリティグループ)
新しいセキュリティグループ

ストレージ (ボリューム)
1 ボリューム - 8 GiB

ⓘ **無料利用枠:** 最初の 1 年には、1 か月あたり ✕
の無料利用枠による AMI での t2.micro (ま
たは t2.micro が利用できないリージョンで
は t3.micro) インスタンスの 750 時間の使
用、30 GiB の EBS ストレージ、200 万の
IOs、1 GB のスナップショット、インター
ネットへの 100 GB の帯域幅が含まれま
す。

キャンセル   インスタンスを起動
            コマンドを確認

■画面3-12

「インスタンスの起動を正常に開始しました」と表示されれば完了です。

3-1-2. インスタンスの操作およびサーバへの接続

　無料利用枠が無い場合、インスタンスを起動している間は、課金をされます。そのため、使わないときは、シャットダウンしておきましょう。

　前項でアクセスした以下のリンクにアクセスします。今後、インスタンスの操作は、全てこのアドレスにアクセスして行うのでブックマークに登録するなど、簡単にアクセスできるようにしておきましょう。

https://console.aws.amazon.com/ec2

　アクセスすると先ほどと、同じく以下のような画面が表示されます。

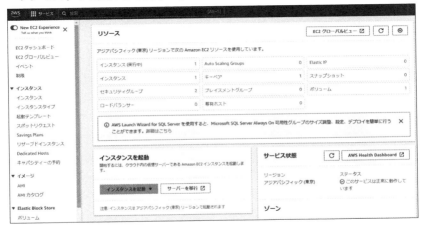

■画面3-13

　ここで、左側のペインから「インスタンス」をクリックすると、以下のように先ほど作成したインスタンスの状態が表示されます。

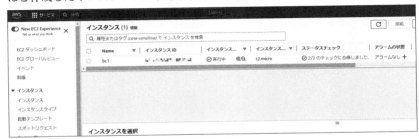

■画面3-14

現在、作成したbc1インスタンス（サーバ）が起動中であることが分かります。

これを停止するには、以下のように「bc1」と表示されている行のチェックボックスをクリックしてオンにして、表示される「インスタンスの状態」ドロップダウンリストから「インスタンスの停止」を選びます。

■画面3-15

停止確認のダイアログボックスが表示されるので、[停止]ボタンをクリックして停止しましょう。

ちなみに、「インスタンスの停止」ではなく、間違えて「インスタンスの終了」を選ぶと、せっかく作成したインスタンスが消えてしまうので注意してください。

起動する場合も同様に、bc1を選択してドロップダウンリストから「インスタンスを開始」を選べば大丈夫です。ちなみに、インスタンスを停止していてもストレージの領域（EBS）は、ずっと確保されているので無料利用期間以外は、その分の料金を支払う必要があります。

以下のリンクを見ると「汎用 SSD (gp2) ボリューム1ヶ月にプロビジョニングされたストレージ 1GBあたり0.12USD」とあるので、設定した8GBだと0.96ドルになるようです。

https://aws.amazon.com/jp/ebs/pricing/

次は、ローカルPCからサーバにログインしてみましょう。

予め、インスタンスは起動しておいてください。そして、「パブリック IPv4 アドレス」を確認しましょう。先ほどのインスタンスの情報が表示されているペインを右スクロールしていくと表示されます。

■画面3-16

これが、今回起動したインスタンスの接続先IPアドレスになります。上記の例

だと、「35.78.69.34」になります。なお、起動する毎にアドレスは、変わるので注意してください。

「起動する毎に、IPアドレスが変わるなんて面倒くさい」という場合は、「ElasticIP」というサービスを利用すれば、IPアドレスを固定できます。

ElasticIPは、インスタンスを起動している限り無料なのですが、インスタンスを停止していると1時間毎に0.005ドルかかります（アマゾンは商売上手なので注意してください）。なお、ElasticIPの詳しい設定方法は、7章で説明しています。

それでは、Windwos上で、コマンドプロンプトを開いて、以下の「sshコマンド」を入力してサーバにログインしましょう。なお、「35.78.69.34」の部分は、自分が使うサーバのIPアドレスに置き換えてください。

```
ssh -i %HOMEPATH%\Desktop\blockchain1.pem ec2-user@35.78.69.34
```

初めて当該IPアドレスにアクセスする場合は、本当に接続してよいか確認されるので「yes」と入力して [Enter] キーを押してください。

ちなみに、「%HOMEPATH%\Desktop\blockchain1.pem」でデスクトップに保存されたblockchain1.pemファイルを指定していますが、これはデスクトップなど、そのユーザしかアクセスできない場所に保存しないとセキュリティ上の制限で.pemファイルが使えないので、このようにしています。

ログインすると以下のような画面が表示されます。

```
 __|  __|_  )
 _|  (     /    Amazon Linux 2 AMI
 ___|¥__|___|
```

ログインできない場合は、まだ起動が完了していない可能性があるので、しばらく経ってから再度、上記コマンドでログインしてみてください。

ログインができたら「pwd」コマンドで自分の今いるディレクトリを表示してみましょう。そこで、「/home/ec2-user」と表示されれば大丈夫です。

ついでに、「ls」コマンドを実行して、今のディレクトリに置かれているファイルを表示してみましょう。まだ、何も作っていないので何も表示されないはずです。

ログアウトは、以下のコマンドです。

```
exit
```

元のローカルのディレクトリに戻ってきたでしょうか？

次はローカルPCからサーバにファイルを転送してみましょう。

この作業は、何回も繰り返して行うので覚えておきましょう。では、cdコマンド「cd c:\blockchain」で、2-1-3で作成したディレクトリに移動してください。この中の「signed_transaction.pkl」ファイルを、scpコマンドを使ってサーバに送ってみましょう。

以下のコマンドを実行します。なお、「35.78.69.34」の部分は自分のサーバのIPアドレスに置き換えてください。IPアドレスの後にある「:~」は、サーバ上のホームディレクトリ（/home/ec2-user）に当該ファイルをコピーするよう指示しています。

```
scp -i %HOMEPATH%\Desktop\blockchain1.pem signed_transaction.
pkl ec2-user@35.78.69.34:~
```

エラーが表示されなければ成功です。

前頁のsshコマンドで再度ログインしたうえで、「ls」コマンドを実行してみてください。そして、「signed_transaction.pkl」が表示されることを確認してください。

表示されていれば、ここまでで、サーバの起動と停止およびサーバへのログインとファイルの転送ができるようになりました。

ちなみに、皆さんのネットワークへの接続環境によっては、sshでログイン中であるのに「client_loop: send disconnect: Connection reset」というようなメッセージが表示されて自動的に切断されてしまうことがある場合があります。

これは、経路途中にあるルーターやファイアウォールが一定の時間通信がないコネクションを、「何もしていないようだから切断する」と、切ってしまうためです。

このようなことが起こる場合は、ローカルPCの「%HOMEPATH%\.ssh」フォルダの中にある「config」ファイルをエディットして、下記の1行を加えください（configファイルが無い場合は作成してください）。

```
ServerAliveInterval 60
```

　これで、定期的 (60秒毎) にサーバにメッセージを送るようになるので自動で切断されることはなくなるはずです。

3-1-3.FastAPIとは

　前項でウェブサーバ上にトランザクションファイル「signed_transaction.pkl」を置きました。これで、誰でもトランザクションを見られるようになったでしょうか？

　実は、残念ながら現時点では、ウェブブラウザからのアクセスに対してレスポンスを返す仕組みが作られていないので、トランザクションを見ることはできません。

　つまり、今のところウェブサーバではなく単なるサーバでしかない状態です。

　そこで、**FastAPI**の登場です。FastAPIは、Pythonで簡単にウェブサーバを構築するための「フレームワーク」です。FastAPI自体をまじめに勉強しようとすると、その内容だけで本、1冊分になるので、本書では、あくまでもブロックチェーンの構築に、必要な範囲内だけに絞ってFastAPIを解説して使っていきます。より詳しくFastAPIを理解したい場合は、以下の公式日本語ドキュメントを参照してください。

https://fastapi.tiangolo.com/ja/

3-1-4.FastAPIを使って簡単なメッセージを返してみよう

　FastAPIを使って、ウェブブラウザからのアクセスに対して、簡単なメッセージを返すPythonスクリプトを書いてみます。

　「c:\blockchain」ディレクトリに、「fast_api.py」というファイルを以下の内容で作成してください。

```
from fastapi import FastAPI
import uvicorn

app = FastAPI()

@app.get("/")
def index():
    return "Hello!"
```

```
if __name__ == "__main__":
    uvicorn.run("fast_api:app", host="0.0.0.0", port=8000)
```

● リスト3-1　fast_api.py

「fast_api.py」の内容について、簡単に説明します。

最初に、FastAPIとuvicornをインポートしています。FastAPIを使って書いたPythonスクリプトをウェブサーバとして起動するためにuvicornを使います。「app = FastAPI()」の部分でappという名前で、FastAPIクラスをインスタンス化しています。「@app.get("/")」の部分は、このappインスタンスを使ってウェブブラウザからのアクセスが、ルート「/」に来たときに対応するメソッドを定義します。

ここでは、indexという名前のメソッドを定義しています。indexメソッドは、単に"Hello!"という文字列を返すだけのシンプルなメソッドです。最後の行で、このfast_api.pyスクリプトが実行されたときに、「uvicorn.run」メソッドを使ってサーバを起動するようにしています。

それでは、このファイルをサーバに転送しましょう。サーバが起動していること確認してからコマンドプロンプトで、「c:\blockchain」ディレクトリに移動してから、以下のコマンドを実行してください。

なお、「35.78.69.34」の部分は、自分のサーバのIPアドレスに置き換えてください。

```
scp -i %HOMEPATH%\Desktop\blockchain1.pem fast_api.py ec2-
user@35.78.69.34:~
```

次は、サーバ側の設定です。サーバにsshコマンドでログインしましょう（3-1-2参照）。ログインしたら、FastAPIを動かすのに必要なライブラリを、以下のコマンドでインストールします。

```
pip3 install fastapi uvicorn
```

以下のコマンドで、上記で作成したスクリプトをサーバ上で実行しましょう。

```
python3 fast_api.py
```

以下のように出力されれば、ちゃんとサーバが起動しています。

```
INFO:      Started server process [3375]
INFO:      Waiting for application startup.
INFO:      Application startup complete.
INFO:      Uvicorn running on http://0.0.0.0:8000 (Press CTRL+C
           to quit)
```

ちなみに、ローカルPCのコマンドプロンプトを閉じると、サーバが落ちてしまうので、コマンドプロンプトは、開いたままにしておいてください。

それでは、ウェブブラウザからアクセスしてみましょう。アクセスは、どんなブラウザソフトを使っても、大丈夫なので、ブラウザのアドレス欄に、

```
http://35.78.69.34:8000/
```

と入力してください（繰り返しになりますが、IPアドレスは皆さんが使うサーバのIPアドレスに書き替えてください）。

上記は、3-1-1でEC2インスタンスを作成したときに、FastAPIのために作成したポート8000番を使ってルート「/」にアクセスしています。ウェブブラウザの画面上に "Hello!" と表示されれば成功です。サーバ側のプログラムは、[CTRL] + [C] キーで終了させられます。

これで、ウェブサーバを起動させることができるようになりました。

トランザクションを送受信しよう

　前節でウェブサーバを立ち上げました。しかし、まだトランザクションを表示することは、できていません。そこで、この節で、トランザクションを送信・受信してウェブブラウザに対して表示する仕組みを実装していきましょう。これにより、「ルールを決めて衆人環視の下、台帳を維持する仕組み」の実現に向かっていきましょう。

3-2-1.送信側の実装

　まずは、送信側（クライアント側）から実装していきます。

　「post_transaction.py」という名前のファイルを以下の内容で、「c:\blockchain」内に作成してください。「xxx.xxx.xxx.xxx」の部分は、後で起動しているサーバのIPアドレスに書き替えます。

```
import requests

import pandas as pd

import datetime

from ecdsa import SigningKey, SECP256k1

import binascii

import json


coin_num = 3

secret_key_sender_str = "76f0446638f57dc78fe154f452b9a14d73b2a5
5d729311ec8cf482883027b05d"

public_key_receiver_str = "f37996d4748fd4ccd58bb00fe73a3636ea1c
6600a25a4a1bb22627b01d274d7ce1d717c7e9b79394c8a260e2337f1d8eac78
b66f94bbdebddd5804fb8e0369b1"


secret_key_sender = SigningKey.from_string(binascii.
unhexlify(secret_key_sender_str), curve=SECP256k1)

public_key_sender = secret_key_sender.verifying_key
```

```
public_key_sender_str = public_key_sender.to_string().hex()

time_now = datetime.datetime.now(datetime.timezone.utc).
isoformat()

unsigned_transaction = { "time": time_now, "sender": public_
key_sender_str, "receiver": public_key_receiver_str, "amount":
coin_num }

signature = secret_key_sender.sign(json.dumps(unsigned_
transaction).encode('utf-8'))

transaction = { "time": time_now, "sender": public_key_sender_
str, "receiver": public_key_receiver_str, "amount": coin_num ,
"signature": signature.hex()}


res = requests.post("http://xxx.xxx.xxx.xxx:8000/transaction_
pool", json.dumps(transaction))

print(res.text)
```

●リスト3-2　post_transaction.py

　基本的にやっていることは、2-2-2で作成した「sign_transaction.py」と同じです
（AさんからBさんに3コインを送信するトランザクション）。

　電子署名済みのトランザクションは、「sign_transaction.py」で作成済みなので、
これをローカルにファイルとして保存するのではなくサーバに送るように変更し
ているだけです。

　サーバにデータを送信するのは、requestsライブラリのpostメソッドを使用し
ています。たった1行で送信できます。最終行の「print(res.text)」で、送信結果を
表示しています。

　なお、送信先ですが、"http://xxx.xxx.xxx.xxx:8000/"ではなく、"http://xxx.
xxx.xxx.xxx:8000/transaction_pool"になっています。次節でサーバ側でもルート
「/」ではなく「/transaction_pool」というパスでトランザクションデータを受信す
るようにします。

　送信側の実装は、これだけです。

　Anaconda Promptを開いて、以下のコマンドを実行してPythonのrequestsラ
イブラリをインストールしておいてください。

```
conda install -c conda-forge requests
```

3-2-2.受信側の実装

それでは、次に受信側（サーバ側）のスクリプトを書いていきましょう。

「main.py」という名前のファイルを、以下の内容で「c:\blockchain」内に作成してください。

FastAPIでは、なぜか「main.py」という名前のファイルを用いるのが習慣になっているので、それに合わせています。

```python
from fastapi import FastAPI
from pydantic import BaseModel
import uvicorn
from ecdsa import VerifyingKey, BadSignatureError, SECP256k1
import binascii
import json

class Transaction(BaseModel):
    time: str
    sender: str
    receiver: str
    amount: int
    signature: str

transaction_pool = {"transactions": []}
app = FastAPI()

@app.get("/transaction_pool")
def get_transaction_pool():
    return transaction_pool

@app.post("/transaction_pool")
def post_transaction(transaction :Transaction):
    transaction_dict = transaction.dict()
```

```
    if verify_transaction(transaction_dict):
        transaction_pool["transactions"].append(transaction_
dict)
        return { "message" : "Transaction is posted."}


def verify_transaction(transaction):
    public_key = VerifyingKey.from_string(binascii.unhexlify(tr
ansaction["sender"]), curve=SECP256k1)
    signature = binascii.unhexlify(transaction["signature"])
    unsigned_transaction = {
        "time": transaction["time"],
        "sender": transaction["sender"],
        "receiver": transaction["receiver"],
        "amount": transaction["amount"]
    }
    try:
        flg = public_key.verify(signature, json.dumps(unsigned_
transaction).encode('utf-8'))
        return flg
    except BadSignatureError:
        return False


if __name__ == "__main__":
    uvicorn.run("main:app", host="0.0.0.0", port=8000)
```

●リスト3-3　main.py

「main.py」の内容を解説していきます。

3-1-4では、ルート「/」に対してデータの読み取り（ウェブブラウザからのアク
セスなど）があったときに、メッセージを返すようなスクリプトを作成しました
が、今回は、「/transaction_pool」というパスに対してアクセスがあったときの処
理を書きます。

処理は、データの読み取り（HTTPのGETメソッド）だけでなく、データの作
成（HTTPのPOSTメソッド）に対するものも用意します。

今回、受信するデータが正しいフォーマットで届いているか、を確認するため
にpydanticライブラリのBaseModelクラスを継承して使用します。上記、main.

pyでは、Transactionクラスを宣言しています。そのメンバとして、time、sender、receiver、amount、signatureの5つのキーを、Pythonの変数の型と一緒に宣言しています。

　スクリプト中では、「@app.post("/transaction_pool")」の下の、「def post_transaction (transaction :Transaction):」のところで、このTransaction型を使用しています。これにより、データを受信した場合は、自動的にキーと型のチェックがされて、不正があった場合は、エラーを返してくれます。

　ここで、受信したTransaction型のtransactionは、そのままだと使いにくいので、dictメソッドを使って、Pythonの辞書型に変換したtransaction_dictを使用しています。verify_transactionメソッドに、transaction_dictを渡して、電子署名をチェックしています。

　電子署名に問題がなければ、「transaction_pool["transactions"].append(transaction_dict)」により、辞書型の変数であるtransaction_poolのtransactionsキーに対してリスト型の値として、transaction_dictを加えて、最後に、{ "message" : "Transaction is posted."}というメッセージを返すようにしています。

　HTTPのGETメソッドに対しては、このtransaction_poolの値を「get_transaction_pool」メソッドで返すようにしています。なお、verify_transactionメソッドの中身は、2-2-3で紹介した「verify_transaction.py」と基本的に同じものです。

3-2-3. 動作確認

それでは、作成したスクリプトを動かしてみましょう。

以下の操作の前に、サーバ(インスタンス)を起動してください(起動方法は、3-1-2を参照してください)。コマンドプロンプトを開いて、cdコマンドで「c:\blockchain」に移動したら、以下のコマンドでmain.pyファイルをサーバにアップロードしてください。

なお、「xxx.xxx.xxx.xxx」の部分は自分のサーバのIPアドレスに置き換えてください。

```
scp -i %HOMEPATH%\Desktop\blockchain1.pem main.py ec2-user@xxx.
xxx.xxx.xxx:~
```

次に、以下のコマンドでサーバにログインしてください。なお、「xxx.xxx.xxx.xxx」の部分は自分のサーバのIPアドレスに置き換えてください。

```
ssh -i %HOMEPATH%\Desktop\blockchain1.pem ec2-user@xxx.xxx.xxx.
xxx
```

サーバにログインしたら、今回のスクリプトで使用しているライブラリを、以下のコマンドでインストールしてください。

```
pip3 install ecdsa
```

最後に、以下のコマンドでウェブサーバを起動してください。

```
python3 main.py
```

以下のメッセージが表示されれば、ウェブサーバの起動は成功です。

```
INFO:      Started server process [3400]
INFO:      Waiting for application startup.
INFO:      Application startup complete.
INFO:      Uvicorn running on http://0.0.0.0:8000 (Press CTRL+C
           to quit)
```

続いて、以下のアドレスにブラウザからアクセスしてみましょう。なお、「xxx. xxx.xxx.xxx」の部分は自分のサーバのIPアドレスに置き換えてください。

http://xxx.xxx.xxx.xxx:8000/transaction_pool

まだ、何もトランザクションが送られてきていないので、以下のような表示になるはずです。

```
{"transactions":[]}
```

次は、クライアント側（トランザクション送信側）の操作です。

3-2-1で作成したpost_transaction.pyを、エディットして「xxx.xxx.xxx.xxx」の部分を自分のサーバのIPアドレスに置き換えてください。

Anaconda Promptを開いてcdコマンドで「c:\blockchain」に移動したら、以下のコマンドでトランザクションを送信してください。

```
python post_transaction.py
```

トランザクションの送信に成功すると、{ "message" : "Transaction is posted."} というメッセージが表示されます。

それでは、再びウェブブラウザから上記アドレスにアクセスしてみましょう。

以下のように、受信したトランザクションが表示されれば成功です。

```
{"transactions":[{"time":"2023-06-28T03:44:40.330194+00:00","send
er":"0b20967e45812fa099370ce891e5f7d65a3b8483edc1c8d23d4e2496f22
```

```
7278e09115b724bfe9d24d64301fa66afc96aae909aa89a52922f37a5616fe76
3f8ac","receiver":"f37996d4748fd4ccd58bb00fe73a3636ea1c6600a25a4
a1bb22627b01d274d7ce1d717c7e9b79394c8a260e2337f1d8eac78b66f94bbd
ebddd5804fb8e0369b1","amount":3,"signature":"c436608425434128390
78795fb8476fde348124b6ba626803a39bd7e315ed164dd2fbe64950781b3cb9
2191e474a862dae6f34b6f658cce0c9542fa8ce81e961"}]}
```

　なお、今は単純な内容のトランザクションなので、このままの表示を読むこと
ができますが、これから順次、複雑な内容になってくるので、今のままだと読み
にくくなってきます。そこで、「JSON Viewer」を使用することを、お勧めします。
最新の「Microsoft Edge」であれば、機能自体はインストールされているので、以
下のアドレスにアクセスして、下図のようにJSON Viewerを「Enabled」にすれ
ば利用できます。

edge://flags/#edge-json-viewer

■画面3-17

　再度、自分のウェブサーバにアクセスすると、今度は以下のように表示される
はずです。

```
1 : {
2       "transactions": [
3           {
4               "time": "2023-06-28T03:44:40.330194+00:00",
5               "sender": "0b20967e45812fa099370ce891e5f7d65a3b8483edc1c8d23d4e2496f227278e09115b724bfe9d24d64301fa66afc96aae909aa89a52922f37a5616fe763f8ac",
6               "receiver": "f37996d4748fd4ccd58bb00fe73a3636ea1c6600a25a4a1bb22627b01d274d7ce1d717c7e9b79394c8a260e2337f1d8eac78b66f94bbdebddd5804fb8e0369b1",
7               "amount": 3,
8               "signature": "c436608425434128390878795fb8476fde348124b6ba626803a39bd7e315ed164dd2fbe64950781b3cb92191e474a862dae6f34b6f658cce0c9542fa8ce81e961"
9           }
10      ]
11 : }
```

■画面3-18

　これで、階層構造が分かるように表示されます。かなり、見やすくなりました。

3-3

トランザクション処理の問題点を解決しよう

　さて、これでリスト2-3のsignature.pyを実行したときに表示される秘密鍵と公開鍵のペアから適当な1つを自分の鍵として保存しておき、公開鍵を自分自身のアドレスとして使用すれば、お互いにコインを安全に送金することができるようになったでしょうか？

　確かに、あなたからの「送金トランザクションを悪意のある人物が勝手に作ること」は、不可能になったようです（あなたの秘密鍵が、盗まれない限り）。そして、トランザクションをサーバに送って「トランザクションプールに貯めておいて、皆が見られるようにする」とコインの譲渡が、全て把握できるので、全データを追っていけば、「誰がいくら持っているか」を、誰でも把握ができます。

　これなら、問題が無いように見えます。

　しかし、まだ問題がいくつかあります。

　たとえば、「悪意のある人物Bさんが、あなたからBさんへの送金トランザクションを、そのまま複製してサーバに送信する」、ことはできます（新たなトランザクションを作るわけではないので、あなたの秘密鍵は不要）。

　そうすると、サーバ上に全く同じトランザクションが2つ存在することになりますが、単純にコインの金額を累積していくとあなたからBさんへ2回の送金があったことになってしまいます。

　また、今のままだと、Bさんからあなたへマイナスの金額、つまり「－3コイン」などを送ることができてしまいます。この場合、単純にコインの金額を累積していくと、あなたからBさんへ3コインを送ったのと同じ結果になってしまいます。

　これは、困った事態です。

　そこで、この節では、このような種々の問題に対処してトランザクション処理をブラッシュアップしていきます。

3-3-1.Blockchainクラスを導入しよう

　今後開発を進めていくときに、このままmain.pyに全ての処理を書き込んでい
くと、ゴチャゴチャして読みにくくなることが予想されます。そこで、main.pyに
は、HTTPの処理に関する部分のみ記載して、それ以外の処理は「BlockChain」ク
ラスを作成して、そちらに記載するように変更します。

　main.pyをエディットして、以下のように変更してください。

```python
from fastapi import FastAPI
from pydantic import BaseModel
import uvicorn
import blockchain

class Transaction(BaseModel):
    time: str
    sender: str
    receiver: str
    amount: int
    signature: str

blockchain = blockchain.BlockChain()
app = FastAPI()

@app.get("/transaction_pool")
def get_transaction_pool():
    return blockchain.transaction_pool

@app.post("/transaction_pool")
def post_transaction(transaction :Transaction):
    transaction_dict = transaction.dict()
    if blockchain.verify_transaction(transaction_dict):
        blockchain.transaction_pool["transactions"].
append(transaction_dict)
        return { "message" : "Transaction is posted."}
```

```
if __name__ == "__main__":
    uvicorn.run("main:app", host="0.0.0.0", port=8000)
```

●リスト3-4　main.py

このmain.pyから呼び出すメソッドを、「blockchain.py」にまとめます。
transaction_poolの初期化も、そちらで行います。以下の内容で、「c:\blockchain」
に作成してください。

```
from ecdsa import VerifyingKey, BadSignatureError, SECP256k1
import binascii
import json

class BlockChain(object):
    def __init__(self):
        self.transaction_pool = {"transactions": []}


    def verify_transaction(self, transaction):
        public_key = VerifyingKey.from_string(binascii.unhexli
fy(transaction["sender"]), curve=SECP256k1)
        signature = binascii.unhexlify(transaction["signature"])
        unsigned_transaction = {
            "time": transaction["time"],
            "sender": transaction["sender"],
            "receiver": transaction["receiver"],
            "amount": transaction["amount"]
        }
        try:
            flg = public_key.verify(signature, json.
dumps(unsigned_transaction).encode('utf-8'))
            return flg
        except BadSignatureError:
            return False
```

●リスト3-5　blockchain.py

これで、だいぶ見やすくなりました。さて、3-2-3を参考にして、main.pyと blockchain.pyをサーバにアップロードして、今までと同じように動くのかを確認しておきましょう。

3-3-2. トランザクションのリユースと逆送金を無くそう

それでは、スクリプトが整理整頓できたところで、問題に対処していきましょう。

まずは、トランザクションのリユースを防げるようにしましょう。これは、新たに「add_transaction_pool」メソッドをBlockchainクラス内に作成して、その中で処理するようにしましょう。

main.pyの色網掛け（以降は、「網掛け」と表記）部分を、追記してください。

```python
def post_transaction(transaction :Transaction):
    transaction_dict = transaction.dict()
    if blockchain.verify_transaction(transaction_dict):
        if blockchain.add_transaction_pool(transaction_dict):
            return { "message" : "Transaction is posted."}

if __name__ == "__main__":
```

●リスト3-6　main.py（一部抜粋）

リスト3-6は、スクリプトの一部のみ記載しています。また、追記すべき部分を網掛けにしてあります。同様に、blockchain.pyの以下の網掛け部分を追記してください。

```python
    def __init__(self):
        self.transaction_pool = {"transactions": []}


    def add_transaction_pool(self, transaction):
        if transaction not in self.transaction_
pool["transactions"]:
            self.transaction_pool["transactions"].
append(transaction)
```

```
                return True
        else:
                return False


        def verify_transaction(self, transaction):
```

●リスト3-7　blockchain.py（一部抜粋）

これで、サーバへ送られてきたトランザクションが、transaction_pool内に既に存在する場合は、transaction_poolに加えられなくなりました（{ "message" : "Transaction is posted."} メッセージも返しません）。

次は、逆送金（マイナスのコインの送信）を防ぐ実装をしましょう。これは、単純にコインの数値がマイナスの場合は、受け付けないようにすればよいだけです。

blockchain.pyの以下の網掛け部分を、追記してください。

```
        def verify_transaction(self, transaction):
            if transaction["amount"] < 0:
                return False
            public_key = VerifyingKey.from_string(binascii.unhexli
fy(transaction["sender"]), curve=SECP256k1)
```

●リスト3-8　blockchain.py（一部抜粋）

以上で、トランザクションの**リユース**と**逆送金**への対処が完了しました。

3-3-3. トランザクションデータをサーバ上で保存しよう

実は、もう1点ですが気になることがあります。

それは、ウェブサーバが再起動されたときの振る舞いです。今の実装だとウェブサーバが再起動したときに、transaction_poolの中身がリセットされてしまいます。せっかく、世間の皆様から沢山のトランザクションを集めて表示できるようにしたのに、何かの拍子で「ウェブサーバがダウンしたら全部消えてしまう」というのでは、よろしくありません。

そこで、transaction_poolに変更があったら、その都度、データを保存して、サーバが起動するときには、そのデータを読み込むようにしましょう。

main.pyの以下の網掛け部分を、追記してください。

```
blockchain = blockchain.BlockChain()
blockchain.transaction_pool = blockchain.load_transaction_
pool()
app = FastAPI()

@app.get("/transaction_pool")
def get_transaction_pool():
    return blockchain.transaction_pool

@app.post("/transaction_pool")
def post_transaction(transaction :Transaction):
    transaction_dict = transaction.dict()
    if blockchain.verify_transaction(transaction_dict):
        if blockchain.add_transaction_pool(transaction_dict):
            blockchain.save_transaction_pool()
            return { "message" : "Transaction is posted."}
```

●リスト3-9 main.py（一部抜粋）

続いて、blockchain.pyの以下の網掛け部分を追記してください。

```
from ecdsa import VerifyingKey, BadSignatureError, SECP256k1
import binascii
import json
import pandas as pd
import os

TRANSACTION_FILE = "./transaction_data.pkl"

class BlockChain(object):
```

```
    def __init__(self):
        self.transaction_pool = {"transactions": []}


    def save_transaction_pool(self):
        pd.to_pickle(self.transaction_pool, TRANSACTION_FILE)


    def load_transaction_pool(self):
        if os.path.isfile(TRANSACTION_FILE):
            transaction_data = pd.read_pickle(TRANSACTION_
FILE)
            return transaction_data
        else:
            return {"transactions": []}


    def add_transaction_pool(self, transaction):
```

●リスト3-10　blockchain.py（一部抜粋）

上記の内容について説明します。

pandasライブラリのto_pickleとread_pickleメソッドについては、既出です。

ここでは、トランザクションプールのデータを保存したファイルが存在しない場合は、空のトランザクションプール {"transactions": []} を返して、それ以外は、データを読み込んで、それを返すようにしています。

サーバにログインしたら、以下のコマンドを実行して、必要なライブラリをインストールしてください。

```
pip3 install pandas
```

以上で、トランザクションデータが恒久的に保存されるようになりました。

3-2-3を参考にしてmain.pyとblockchain.pyをサーバにアップロードしてください。

3-4

トランザクションのテストをしてみよう

前節で、「今のところ考えられるトランザクション処理の問題点」を解決しました。この節で、本当に解決できたかを確認していきましょう。

この節を始める前に、サーバにログインして「python3 main.py」を実行してウェブサーバを立ち上げておいてください。

3-4-1.Pythonスクリプトを使ってトランザクションを取得

さて、今までAさんとBさんばかり登場していましたが、ここからは、Cさんとの Dさんにも登場してもらいましょう。

以下は、それぞれの秘密鍵と公開鍵です。もちろん、これは皆さん、それぞれがリスト2-3のsignature.pyを実行して内容を自由に置き換えていただいてかまいません。

Cさん：

秘密鍵：7c5317ec54481d9922ea4e3d6be797db678ca282d84031b006fa7b850c238951

公開鍵：a9768f6b6b025e9674c021a1e24745093ca1cb55bd6e43ecd5dc82ebe943cc28e02537aff448948ce3e32551d884fa5f1b4cf17e70d20369c637399c05c3deb8

Dさん：

秘密鍵：1f8671fd5e5b687a8ce20584f9b5282d8e00215877e71398f507925d955b4665

公開鍵：dff9b7868d1508581bf172c28db61b1267d86ca120bd83231d8a559008b1555db6d63374a023eb0897d8018c69d4d1e4417a1f50ab0c4467243e09daa29d0d03

当然ですが、公開鍵はコインの送信先アドレスとして使うので公開しますが、秘密鍵は、「お互いしらないこと」が前提となります。

まず、単純にCさんからDさんに5コインを送ってみましょう。Cさんになったつもりで、リスト3-2 post_transaction.pyのAさんの秘密鍵の文字列（secret_key_sender_str）とBさんの公開鍵の文字列（public_key_receiver_str、）を、それぞれCさんの秘密鍵とDさんの公開鍵に入れ替えてください。

「coin_num = 3」も5に変更してください。そして、Anaconda Promptから「python post_transaction.py」でスクリプトを実行してみてください。

ウェブブラウザからウェブサーバにアクセスするとCさんからDさんへのトランザクションが以下のように表示されます。"sender"には、Cさんの公開鍵、"receiver"には、Dさんの公開鍵が入っています。

```
"time": "2023-06-28T13:00:45.009426+00:00",
"sender": "a9768f6b6b025e9674c021a1e24745093ca1cb55bd6e43ecd5dc8
2ebe943cc28e02537aff448948ce3e32551d884fa5f1b4cf17e70d20369c6373
99c05c3deb8",
"receiver": "dff9b7868d1508581bf172c28db61b1267d86ca120bd83231d8
a559008b1555db6d63374a023eb0897d8018c69d4d1e4417a1f50ab0c4467243
e09daa29d0d03",
"amount": 5,
"signature": "7faab84445bc11f0800026a0f117d165c69ef0a470217e80f2
d3ac60a70e4a807d8cdd9a7bd0aee6753159b84781d81e8caf5828f411d6602c
fda79d05d4a4a8"
```

ここで、いったんウェブサーバを停止してみましょう（インスタンスを停止するのではなく、サーバにログインしているコマンドプロンプト上で［CTRL］＋［C］キーを同時に押して、main.pyスクリプトの実行を停止）。

停止後に、再度「python3 main.py」を実行してウェブサーバを立ち上げてから、ウェブブラウザからウェブサーバにアクセスしてみてください。今までだったらトランザクションプールがリセットされて {"transactions":[]} と表示されていたところが、上記と同じ表示になるはずです。これで、サーバが落ちても、データは消えなくなりました。

次に、ウェブブラウザではなくPythonスクリプトを使ってトランザクションプールのデータを取得してみましょう。「get_transactions.py」という名前のファイルを、以下の内容で「c:\blockchain」内に作成してください。

いつものごとく、「xxx.xxx.xxx.xxx」の部分は皆さんのサーバのIPアドレスに置き換えてください。

```
import requests

res = requests.get("http://xxx.xxx.xxx.xxx:8000/transaction_
pool")
transactions_dict = res.json()
print(transactions_dict["transactions"])
```

●リスト3-11　get_transactions.py

「res.json()」によって、サーバから受信したメッセージをPythonの辞書型に変換しています。作成したら、Anaconda Prompt上で「python get_transactions.py」で実行してみましょう。現在のサーバ上のトランザクションプールに入っているトランザクションと同じものが表示されたでしょうか？

Pythonスクリプトでサーバからトランザクションを獲得することにより、色々と実験ができるようになります。

次項以降で、確認していきましょう。

3-4-2. トランザクションのリユースをテスト

　ここで、トランザクションのリユースについておさらいしておきましょう。過去に自分に対してコインが送られてきたトランザクションをそのままコピーして再びトランザクションプールに書き込むことにより自分への送金を増やす、という処理（**ハッキング**）でした。なので、たとえばCさんがpost_transaction.pyスクリプトを実行してDさんに5コイン送るトランザクションをサーバに送った後に、再びCさんがpost_transaction.pyスクリプトをそのまま実行したとしても、これは「リユース」ではありません。単にCさんがDさんに同じ金額を2回送っただけです（トランザクションの作成された時間が異なるのでリユースと区別できます）。

　試しに、3-4-1が終了した状態からもう一度post_transaction.pyスクリプトを実行して見てください。CさんからDさんへの新たなトランザクションが増えることがウェブブラウザで確認できると思います。

　では、今度は既存のトランザクションをコピーしてそのまま送信してみましょう。「reuse_transactions.py」という名前のファイルを以下の内容で「c:\blockchain」内に作成してください。なお、「xxx.xxx.xxx.xxx」の部分は、皆さんのサーバのIPアドレスに置き換えてください。

```python
import requests
import json


path = "http://xxx.xxx.xxx.xxx:8000/transaction_pool"
res = requests.get(path)
transactions_dict = res.json()
received_transaction = transactions_dict["transactions"][0]


res = requests.post(path, json.dumps(received_transaction))
print(res.text)
```

● リスト3-12　reuse_transactions.py

　この中で、トランザクションプール内の先頭のトランザクションを、そのままサーバに送信する処理をしています。作成したスクリプトを実行してみてください。「**null**」というメッセージが返ってきたのではないでしょうか？

これは、postが失敗したことを意味します。ウェブブラウザからウェブサーバにアクセスしてトランザクションプールに変化がないことを確認してください。正しくハッキングを阻止することができました。

ちなみに、サーバ上の「blockcahin.py」の中のadd_transaction_poolメソッドを以下のように変更して、無条件でトランザクションを受け入れるようにすると、このハッキングが通ってしまいます。余裕があれば試してみてください。

```
def add_transaction_pool(self, transaction):
    self.transaction_pool["transactions"].
    append(transaction)
    return True
```

これでトランザクションのリユースが防げていることが確認できました。

3-4-3.マイナスのコイン（逆送金）をテスト

次は**逆送金のテスト**です。これは既存のスクリプトを少しエディットするだけで簡単にできます。「post_transaction.py」の送金額、「coin_num = 5」で指定されているコイン数を「-5」など、マイナスの値にしてからAnaconda Promptを開いて「python post_transaction.py」でスクリプトを実行してみてください。いつもであれば「"message":"Transaction is posted."」というメッセージが返ってくるところ「null」が返ってきたと思います。リスト3-8で変更した箇所がちゃんと動いていますね。

確認が終わったら、次節のためにコインの数を元のプラスの値（5）に戻しておきましょう。

3-5

ローカルでサーバを立ち上げよう

　さて、ここまでウェブサーバはAWSのEC2インスタンスを起動して、その上で動かしていました。最終的に「使える」ブロックチェーンを構築するためにはEC2インスタンスのように「誰でも見られる場所」でウェブサーバを動かすことが必須ですが「とりあえずちょっと試したいことがある」ときに、「いちいちEC2インスタンスを起動してIPアドレスを確認してスクリプトをエディット…」とやると大変です。

　そこで、代替的にローカルでもサーバを動かせるようにしておきましょう。Anaconda Promptを起動して以下のコマンドを実行してサーバに必要なライブラリをインストールしてください。

```
conda install -c conda-forge fastapi uvicorn
```

　次にAnaconda Prompt内で、cdコマンドで「c:\blockchain」に移動して以下のコマンドを実行してください。

```
python main.py
```

　既にお気付きかもしれませんが、EC2でウェブサーバを起動するやり方と一緒ですね（EC2のサーバ上では「python3 main.py」のようにpython3を指定しているという違いはありますが）。起動時に以下のような警告が出たら「アクセスを許可する」をクリックしてください。

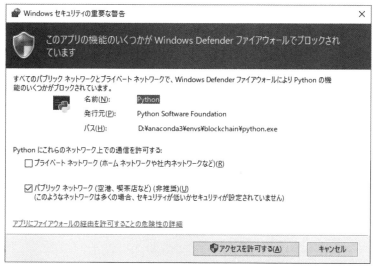

■画面3-19

　次にこのウェブサーバにアクセスするためにスクリプト内のIPアドレスを変更します。ローカルのサーバのIPアドレスは「127.0.0.1」になります。ここでは「post_transaction.py」をエディットしてサーバのIPアドレスを「127.0.0.1」に変更しましょう。

　では、ちゃんとローカルのサーバが動いているか確認するためにもうひとつ別のAnaconda Promptを開いて「c:\blockchain」に移動して以下のコマンドを実行してください。

```
python post_transaction.py
```

　これも、今までのやり方と一緒です。なお、確認のためにウェブブラウザから以下のアドレスにアクセスしてください。正しく「送信したトランザクションが表示されていれば」大丈夫です。

http://127.0.0.1:8000/transaction_pool

　今後も場面に応じてローカルでウェブサーバを立ち上げて使ってみてください。

第4章

....

ブロックチェーンを
作ろう

　前章までで偽造不可能なトランザクション（誰が誰にいく
ら送ったか）を誰もが見られる形でウェブサーバ上に保存で
きるようになりました。トランザクションのリユースや逆
送金を防ぐ仕組みも実装しました。これで通貨システムは
完成でしょうか？　このシステムを使えば安全・確実にコ
インを送金することが可能でしょうか？

　実は、今のままだと通貨システムとしてまだ不完全なの
です。この章ではまず、何が不完全なのかを説明し、さらに
それを解決するために「ブロックチェーン」という仕組みが
必要なことを説明して最後に実際にブロックチェーンを実
装していきます。その後、作成したスクリプトが正しく動く
かどうかのテストを行います。

4-1

トランザクションだけでは足りない理由

　トランザクションを誰もが見られるようにするだけでは2つの問題が解決できません。1つは二重支払い（より正確には多重支払い）の問題です。そして、もう1つは最初のコインを参加者に配る方法が定まっていないことです。順番に見ていきましょう。

4-1-1. 支払いの順番が定まっていないのが問題

　「二重支払いの問題は3-3-2で解決済みなのでは？」と思われた方は素晴らしい記憶力をお持ちです。確かに、二重支払いの一類型が3-3-2で扱った「リユース」だからです。しかし、「リユース」はあくまでも悪意のある第三者が自己への送金と同じトランザクションをいわばコピー＆ペーストして再利用することでした。今問題にしている二重支払いの問題は「本人がちゃんと電子署名をしたトランザクションを本人が使う」類型です。

　たとえば、Aさんのアカウント残高（現在所持しているコインの枚数）が1だったとします。ここで、AさんはBさんからピザを購入してその支払いに1コインを送金することになったとしましょう。AさんはBさんに1コイン送るトランザクションをトランザクションプールに送ります。そして、それをウェブブラウザなどで確認したBさんはAさんにピザを届けました。さて、ここでAさんはずる賢いことを考えて、さらにCさんからハンバーガーを購入してその支払いに1コイン送金しようとします。全トランザクションを作成時間順に辿っていくとAさんの残高はゼロなので、たとえAさんがCさんに1コイン送るトランザクションをトランザクションプールに送ったところでCさんは「Aさんのアカウント残高はマイナスじゃん。ハンバーガーを届けるのやめよう」と考えるはずです。しかし、AさんはCさんへの送金トランザクションを作る際にBさんへのトランザクションより「前の」時間で作成しました。トランザクションの作成時間自体は単なる文字列なので電子署名をする際にいくらでもエディット可能です。これにより、BさんよりCさんの方が先にAさんからコインを受け取ったことになるのでCさんは「じゃあ、ハンバーガーを届けよう」となるはずです。

　困ったのはBさんです。先ほど確認したときは自分への送金を最後にAさんの

コイン残高がゼロになったはずなのに、しばらく経ってから確認するとCさんへのトランザクションが先に入ったことになっており自分への送金は無効扱いになってしまっているからです。Aさんは1コインでまんまとピザとハンバーガーを手に入れてしまいました。これが二重支払いです。

　これはマズいですね。そこで、トランザクションの前後関係を後から書き替えられないようにする仕組みが必要となります。それが「ブロックチェーン」です。ある程度トランザクションがまとまったらそれをひとかたまり（ブロック）にして前後関係を維持しながらチェーンのようにつなげていくのがブロックチェーンです（図4-1）。

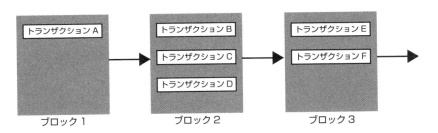

▲図4-1　ブロックチェーン

　各ブロックは1つ前のブロックとのつながりについて記録しているので、たとえ途中のブロックが改ざんされても順に辿れば改ざんは検出可能になっています。また、ブロックを作成してチェーンに加えることを「マイニング」と呼びますが、これに一定程度の時間がかかることによりブロックチェーン全部を作り直す（改ざんする）のは大変な時間がかかります。

　この仕組みにより前述のBさんはAさんからの送金トランザクションがブロックチェーンに入っていることを確認して（念のため一定の時間が経ってから）、ピザを届ければよいということになります。そうすれば後からAさんが時間の早いトランザクションをブロックチェーンに加えても後のブロックに加わるのでBさんへの送金が無効になることはありません（トランザクションの作成時間ではなく、ブロックの前後関係で送金の順番を判断します）。

　仕組みの詳細は4-2で説明しますが、このようにブロックチェーンを使うことによって不正な二重支払いの問題を解決することができるようになります。ちなみに、まさに二重支払いの問題を解決するためにこのような仕組み（ブロック

チェーン）が必要であるということは1章で紹介したサトシ ナカモトの論文にも記載されています。

　ちなみに、「トランザクションの作成時間ではなくてトランザクションプールに届いた順番で送金の前後を判断すればそれで足りるのでは？　ブロックチェーンなどという複雑な仕組みは不要ではないか」と思われるかもしれませんが、トランザクションをネット経由でやりとりする以上、必ず受信までの**タイムラグ**が生じます。そして、複数サーバでの運用を行うと各サーバでトランザクションの受信順が前後することがあり得るので、サーバ間でトランザクションの順番の整合性をとる手段がどちらにせよ必要となります。

4-1-2.最初のコインはどこからくるのか

　前の項でアカウント残高について触れました。全トランザクションを最初から辿っていき、各自の公開鍵（アドレス）ごとに取引をまとめていけば、今現在、誰が何枚コインを持っているか把握できるはず、という前提で書かせていいただきました。しかし、よく考えると誰かが最初にコインを「**発行**」しなくてはそもそも送るコインが無い、ということになります。一体誰がコインを「**発行**」するのでしょうか。

　これに関しては1-2でさらっと説明しましたが「マイニング」という仕組みを用いれば解決します。新しいブロックを加える作業を最初に完了した人（早い者勝ちの数当てゲームの勝者）に**報酬**としてコインを発行するということです。これも次の節で詳しく説明します。

マイニングによるブロックチェーンによる台帳維持の仕組み

　この節ではより詳しくブロックチェーンの仕組みについて説明していき、最後にブロックチェーンを実装して動作確認を行います。まずはブロックチェーンを理解するうえで欠かせない「**ハッシュ関数**」と「**マイニング**」について説明していきます。

4-2-1.ハッシュ関数とは

　まず、ハッシュ関数を理解しましょう。

　関数と言うからには、入力と出力があるわけですが、ハッシュ関数に文章などのデータを入力として与えると、そのデータを「良い感じ」でざっくりと表現する数値（**ハッシュ値**）を出力してくれます。この「良い感じ」が非常に大事で、元と1文字でも違うと異なるハッシュ値が出力されるように設計されています。

　そして、元の文章がどんなに長い文字列であったとしても、常に同じ長さ（バイト数）のハッシュ値が出力されるので、基本的に出力されたハッシュ値から元の文章を再現することができません（単なる圧縮ではありません）。

　ただし、「ハッシュ値のバイト数が少なすぎると、異なる文章なのに同じハッシュ値が、偶然に得られてしまう確率が上がる」ので、適度なバイト数を選択する必要があります。それでは、早速ハッシュ関数を使ってみましょう。

　hash_test.pyを、以下の内容で「c:\blockchain」に作成してください。

```python
import hashlib

indata = "こんにちは"
hash = hashlib.sha256(indata.encode('utf-8')).hexdigest()
print(hash)
indata = "こんにちは。"
hash = hashlib.sha256(indata.encode('utf-8')).hexdigest()
print(hash)
```

●リスト4-1　hash_test.py

スクリプトの中身を解説していきます。本書では**hashlibライブラリ**を使って
ハッシュ値を計算します。また、複数あるハッシュ関数の中で、「**sha256**」を使
用します（これは、256ビット（32バイト）のハッシュ値を計算します）。

　使い方は、簡単で「hashlib.sha256(入力データ)」とするだけです。ただし、入力
データは「**バイト型文字列**」である必要があり、「indata.encode('utf-8')」のように
日本語を含む文字列を文字コード「**UTF-8**」でエンコードしています。

　なお、ハッシュ値を「そのまま、10進数で表示する」と、やたらに大きな数字に
なって見にくいので、hexdigestメソッドを使って16進数で表現しています。

　　これを、実行すると1文字違いなのに、以下のように全く異なるハッシュ値
が得られることが確認できます。

　どちらも、16進数で64文字、つまり32バイトで表現されています。

```
125aeadf27b0459b8760c13a3d80912dfa8a81a68261906f60d87f4a0268646c
439e44a82b28f76c2661e4e65537f0f3963df49beaed16276f0938471f86a7d2
```

　ちなみに、sha256を使う場合、「**衝突**」（異なるデータなのに同じハッシュ値が
発生）が起こる確率は、$1／2^{256}$なので充分に小さいと言えます。これは、100個の
サイコロ振ったときに、「全部のサイコロの数が同じになる確率」とほぼ同じで
す。ただし、これは、あくまでも「特定のハッシュ値を狙って衝突が発生する場合
の確率」です。多数のハッシュ値同士の中で偶然に一致するものが発生する確率
はもっと大きくなります。

　さて、このハッシュ値をブロックチェーンの中で、どのように使うのでしょう
か？

　4-1-1で、「各ブロックは、1つ前のブロックとのつながりについて記録してい
る」と説明しました。これは、より具体的に言えば「各ブロックは、1つ前のブロッ
クから生成されたハッシュ値を含んでいる」ということになります（図4-2参照）。

　既に説明しましたが、「あるデータから得られるハッシュ値は、そのデータが一
カ所でも異なると異なる値となる」と、いうことでした。つまり、1つ前のブロック
のハッシュ値を次のブロックが含むことにより、「1つ前のブロックのデータが
改ざんされたら、ハッシュ値を比較することで、すぐに改ざんが検出できる」と
いうことになります。

当然、1つ前のブロックは、さらにその前のブロックのハッシュ値を含むので、そこも改ざんされていたら、すぐにバレます。というように、つなげていくことで、全体として改ざんが難しい「ブロックチェーン」が作成できるということになります。

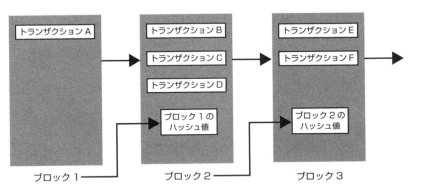

▲図4-2　ブロックチェーン（ハッシュ値を含む）

　「一部だけを、改ざんするからバレるのであって、改ざんしたブロックから先のブロックのハッシュ値を全部計算し直して、書き直しをしたらバレないのではないか？」と気付かれた方は、"ハッカーの素質あり"です。確かに、その通りです。しかし、ブロックチェーンでは、「全部を計算し直して、書き直す改ざん」を防ぐために、新たなブロックをブロックチェーンにつなげるときには、「マイニング」と呼ばれる**"高負荷の計算処理"**を行うことが要求されます。マイニングに関しては、次項で説明します。

4-2-2. マイニングの難易度と報酬について

　それでは、具体的に「どのようにして、新たなブロックを付加する負荷を上げる」のでしょうか？

　実は、単発の計算自体は、それほど複雑ではなく、図4-2とは別のハッシュ値を計算するだけです（図4-3参照）。具体的には、新たに加える予定のブロックの全トランザクションと1つ前のブロックのハッシュ値に「**ナンス**」を加えたもののハッシュ値を求めます。

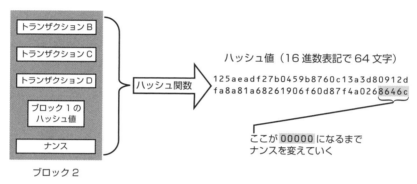

▲図4-3　マイニング（ブロック2を例として取り上げています）

　ここで出てきた、「ナンス（**nonce**）」というのは、「**Number used once**」の略で「1回限り、使われる数」という意味です。平たく言えば、「**使い捨ての適当な数**」です。

　ここで、上記のハッシュ値を生成する際に、ある種の「縛り」を導入します。具体的には、「ハッシュ値の下X桁は、全て"0"にしなければならない」というものです。下X桁の「X」には、適当な数値を選んでください。図4-3の例では、「5」としています。

　さて、ハッシュ関数は、「データが渡されれば、ハッシュ値を算出」しますが、算出される値は、推測不可能です。つまり、ある種の「**乱数**」です。ハッシュ関数が出す乱数の下5桁を全て「0」にするためには、「ハッシュ関数に渡すデータを変更しながら、"たまたま"、下5桁が全部0になるまで計算を繰り返す」ということになります。

そして、「ハッシュ関数に渡すデータを適当に変える」ために「ナンス」が使われます。前述の通り、ハッシュ関数に渡すデータには、ナンスが含まれるので、この数字を「0」から順番に「1」ずつ上げていき、そのたびにハッシュ値を計算するようにします。

こうすると、いつかは、下5桁が「00000」になるハッシュ値が得られます。これが、「マイニング」です。要するに、**数当てゲーム**（ハッシュ値の下X桁が全て「0」になる「ナンス」を当てるゲーム）です。

さて、このX桁を大きくすればするほど、数当てが難しくなります（ここでは、16進数で表現しているので、1桁増えると"16倍"も難しくなります）。

つまり、「X」桁を何桁にするかで、「マイニング」の難易度を調整することができます。たとえば、ビットコインのように「数当てゲーム」に毎回10分程度が必要な桁数Xを設定しておけば、「あるブロックから、先のブロックチェーンを全部作り直す」ということが簡単には、できなくなります（10分の間に改ざんされていないブロックチェーンも他の人達によるマイニングで成長するから）。

ちなみに、サーバは「**今、保持しているものより、長いブロックチェーンしか受け付けない**」ので、マイニングの難易度などの仕組みと合わせて「ブロックチェーンの改ざんを防ぐ」ことができます。

上記のように、「参加者全員が時間のかかる仕事をして」、それによって、システムの健全性を図る手法を「**Proof Of Work**」と呼びます。

なお、マイニングをするのには、「何回もハッシュ関数を使う」ので、計算に時間がかかりますが、検証は「ハッシュ関数を1回計算するだけ」で済みます。この、「**検証に時間がかからない**」というのもミソです。

また、詳細は実装の部分で説明しますが、マイニングに成功した場合は、「システムからマイナー（マイニングしている人）に対して報酬用のトランザクションを発行する」ような仕組みを組み込みます。この報酬が欲しくて、皆が一生懸命にマイニングをしてくれます。つまり、「皆がマイニングすることにより、ブロックチェーンが維持される」ことになります。

上記を踏まえると本書で使用するブロックの構造は、以下のようになります。

各キーに対応する値は、あくまでも一例です。また、見やすくするためにtransactionsの中身は省略しています。実際は、署名済みのトランザクション（トランザクションプールから取得したもの）と報酬用トランザクションが並びます。

```
block = {
        "time": "2023-07-28T23:12:26.078482+00:00",
        "transactions": [ ],
        "hash": "df612b31dc183d30b580681f78b8af2d2210782ec4
        0c68cbf0e577fe26675fc6",
        "nonce": 60
}
```

　上記のように、キーとしては、「time」「transactions」「hash」「nonce」の4つが
あります。この辞書型であるブロックを並べてリスト型で保持するのがブロック
チェーンになります。

4-2-3. シンプルなマイニングの実装

　最初に、サーバ側から実装していきましょう。既存のmain.pyを、以下のように
変更してください（網掛け部分が変更箇所です）。

```
from fastapi import FastAPI
from pydantic import BaseModel
import uvicorn
import blockchain
from typing import List

class Transaction(BaseModel):
    time: str
    sender: str
    receiver: str
    amount: int
    signature: str

class Block(BaseModel):
    time: str
    transactions: List[Transaction]
    hash: str
```

```
    nonce: int


class Chain(BaseModel):
    blocks: List[Block]


blockchain = blockchain.BlockChain()
blockchain.transaction_pool = blockchain.load_transaction_
pool()
blockchain.chain = blockchain.load_blockchain()
blockchain.set_all_block_transaction()
app = FastAPI()


@app.get("/transaction_pool")
def get_transaction_pool():
    return blockchain.transaction_pool


@app.post("/transaction_pool")
def post_transaction(transaction :Transaction):
    transaction_dict = transaction.dict()
    if blockchain.verify_transaction(transaction_dict):
        if blockchain.add_transaction_pool(transaction_dict):
            blockchain.save_transaction_pool()
            return { "message" : "Transaction is posted."}


@app.get("/chain")
def get_chain():
    return blockchain.chain


@app.post("/chain")
def post_chain(chain: Chain):
    chain_dict = chain.dict()
    if len(chain_dict["blocks"]) <= len(blockchain.
chain["blocks"]):
        return { "message" : "Received chain is ignored."}
    if blockchain.verify_chain(chain_dict):
```

4

ブロックチェーンを作ろう

```
        blockchain.replace_chain(chain_dict)

        blockchain.save_blockchain()

        blockchain.save_transaction_pool()

        return { "message" : "Chain is posted."}


if __name__ == "__main__":
    uvicorn.run("main:app", host="0.0.0.0", port=8000)
```

●リスト4-2　main.py

「main.py」の変更箇所について順に説明していきます。

　まず、トランザクションと異なりブロックの場合は、内部でリスト型を扱うため「from typing import List」として、リスト型を使えるようにしています。これを「class Block(BaseModel):」や「class Chain(BaseModel):」の中で使用しています。

　ブロックの構造は、前項で説明した通りで、これをつなげたものが「**Chain**」になります。

　「blockchain.load_blockchain」は、保存したブロックチェーンを読み込むメソッドです。Blockchainクラスの中で実装します。

　「@app.get("/chain")」の部分は、「/chain」パスに対するHTTPのGETメソッドに対して、現在サーバが保持しているブロックチェーンを返すようにしています。

　「@app.post("/chain")」の部分は、「/chain」パスに対するHTTPのPOSTメソッドに対応する部分です。マイニングを完了したマイナーは、この「/chain」パスに対してマイニングによって新しいブロックが加わったブロックチェーンを送信します。そこで、サーバ側は、「受信したブロックチェーンが今保持しているブロックチェーンよりも長いか」をチェックして、長くなければ、{ "message" : "Received chain is ignored."}、つまり「受け付けません」というメッセージを返します。

　逆に、受信したものが、より長いブロックチェーンであれば、「ブロックチェーンの中身をチェック」します。具体的には、本書で説明してきたルールに従って作られているブロックチェーンであるかを「verify_chain」メソッドでチェックしています（中身は後述）。そして、問題がなければ、「replace_chain」メソッドで

サーバの保持するブロックチェーンを新しく受信したブロックチェーンに置き換えて、「save_blockchain」メソッドで、ブロックチェーンをファイルに保存します（中身はそれぞれ後述）。この際、トランザクションプールから新たなブロックチェーンに加わったトランザクションを削除するため、トランザクションプールの内容も「save_transaction_pool」メソッドでファイルに保存するようにします。

引き続き、既存のblockchain.pyを、以下のように変更してください（網掛け部分が変更箇所です）。

```python
from ecdsa import VerifyingKey, BadSignatureError, SECP256k1
import binascii
import json
import pandas as pd
import os
import hashlib
from datetime import datetime, timezone


POW_DIFFICULTY = 10
REWARD_AMOUNT = 256
TRANSACTION_FILE = "./transaction_data.pkl"
BLOCKCHAIN_FILE = "./chain_data.pkl"


class BlockChain(object):
    def __init__(self):
        self.transaction_pool = {"transactions": []}
        self.chain = {"blocks": []}
        self.first_block = {
            "time": "0000-00-00T00:00:00.000000+00:00",
            "transactions": [],
            "hash": "SimplestBlockChain",
            "nonce": 0
        }
        self.chain["blocks"].append(self.first_block)
        self.all_block_transactions = []
```

```python
    def save_transaction_pool(self):
        pd.to_pickle(self.transaction_pool, TRANSACTION_FILE)


    def load_transaction_pool(self):
        if os.path.isfile(TRANSACTION_FILE):
            transaction_data = pd.read_pickle(TRANSACTION_
FILE)
            return transaction_data
        else:
            return {"transactions": []}


    def add_transaction_pool(self, transaction):
        if (transaction not in self.all_block_transactions) and
(transaction not in self.transaction_pool["transactions"]):
            self.transaction_pool["transactions"].
append(transaction)
            return True
        else:
            return False


    def verify_transaction(self, transaction):
        if transaction["amount"] < 0:
            return False
        public_key = VerifyingKey.from_string(binascii.unhexli
fy(transaction["sender"]), curve=SECP256k1)
        signature = binascii.unhexlify(transaction["signature"]
)
        unsigned_transaction = {
            "time": transaction["time"],
            "sender": transaction["sender"],
            "receiver": transaction["receiver"],
            "amount": transaction["amount"]
        }
        try:
```

```
            flg = public_key.verify(signature, json.
dumps(unsigned_transaction).encode('utf-8'))
            return flg
        except BadSignatureError:
            return False


    def hash(self, block):
        hash = hashlib.sha256(json.dumps(block).
encode('utf-8')).hexdigest()
        return hash


    def set_all_block_transactions(self):
        self.all_block_transactions = []
        for i in range(len(self.chain["blocks"])):
            block = self.chain["blocks"][i]
            for trans in block["transactions"]:
                self.all_block_transactions.append(trans)


    def save_blockchain(self):
        pd.to_pickle(self.chain, BLOCKCHAIN_FILE)


    def load_blockchain(self):
        if os.path.isfile(BLOCKCHAIN_FILE):
            blockchain_data = pd.read_pickle(BLOCKCHAIN_FILE)
            return blockchain_data
        else:
            temp_chain = {"blocks": []}
            temp_chain["blocks"].append(self.first_block)
            return temp_chain


    def verify_chain(self, chain):
        all_block_transactions = []
        for i in range(len(chain["blocks"])):
            block = chain["blocks"][i]
            previous_block = chain["blocks"][i-1]
```

```
            if i == 0:
                if block != self.first_block:
                    return False
            else:
                if block["hash"] != self.hash(previous_block):
                    return False
                block_without_time = {
                    "transactions": block["transactions"],
                    "hash": block["hash"],
                    "nonce": block["nonce"]
                }
                if format(int(self.hash(block_without_
time),16),"0256b")[-POW_DIFFICULTY:] != '0'*POW_DIFFICULTY:
                    return False
                reward_trans_flg = False
                for transaction in block["transactions"]:
                    if transaction["sender"] == "Blockchain":
                        if reward_trans_flg == False:
                            reward_trans_flg = True
                        else:
                            return False
                        if transaction["amount"] != REWARD_
AMOUNT:
                            return False
                    else:
                        if self.verify_
transaction(transaction) == False:
                            return False
                        if transaction not in all_block_
transactions:
                            all_block_transactions.
append(transaction)
                        else:
                            return False
        return True
```

```python
    def replace_chain(self, chain):
        self.chain = chain
        self.set_all_block_transactions()
        for transaction in self.all_block_transactions:
            if transaction in self.transaction_
pool["transactions"]:
                self.transaction_pool["transactions"].
remove(transaction)

    def create_new_block(self, miner):
        reward_transaction = {
            "time": datetime.now(timezone.utc).isoformat(),
            "sender": "Blockchain",
            "receiver": miner,
            "amount": REWARD_AMOUNT,
            "signature": "none"
        }
        transactions = self.transaction_pool["transactions"].
copy()
        transactions.append(reward_transaction)
        last_block = self.chain["blocks"][-1]
        hash = self.hash(last_block)
        block_without_time = {
            "transactions": transactions,
            "hash": hash,
            "nonce": 0
        }
        while not format(int(self.hash(block_without_
time),16),"0256b")[-POW_DIFFICULTY:] == '0'*POW_DIFFICULTY:
            block_without_time["nonce"] += 1
        block = {
            "time": datetime.now(timezone.utc).isoformat(),
            "transactions": block_without_time["transactions"],
            "hash": block_without_time["hash"],
```

```
                "nonce": block_without_time["nonce"]
            }
        self.chain["blocks"].append(block)
```

●リスト4-3　blockchain.py

　ここから、「blockchain.py」の変更箇所について順番に説明していきます。

　「import hashlib」は、ハッシュ関数を使うために必要なライブラリをインポートしています。「from datetime import datetime, timezone」は、今まで「import datetime」としていたところ、いちいち「datetime.datetime.now(datetime.timezone.utc)」みたいに書くと冗長性があるので「datetime.now(timezone.utc)」と書けるようにインポート方法を工夫しています。

　「**POW_DIFFICULTY**」は、Proof Of Work の難易度、つまり「数当てゲーム」の難しさを定める定数です。開発中なので、とりあえず「小さめの値（10）」にしています。この値では、一瞬で終了してしまいますが、後半の章で正しく書き替えを加えるので安心してください。

　さて、「**REWARD_AMOUNT**」は、マイニングに成功したマイナーに対する報酬を定める定数で、とりあえず、「256」にしています。「BLOCKCHAIN_FILE = "./chain_data.pkl"」は、ブロックチェーンの保存先ファイルを指定しています。

　次は、Blockchain クラスのコンストラクタの変更です。Blockchain クラスの中に、新たに「chain」という変数を作って、ここにブロックチェーンを保持するようにします。そして、ブロックチェーン先頭のデフォルトのブロックも「**first_block**」という変数で定めています。「all_block_transactions」は、現在保持しているブロックチェーン内の全てのトランザクションをリスト形式で並べるための変数です。後で使用するので、このままとしてください。

　続いて、「**add_transaction_pool**」メソッドの中身を見てみましょう。今までは、リユースのチェック対象は、トランザクションプールだけでしたが、ここからは、「ブロックチェーン全体もチェック対象」となります。そのため、「if文」の中身が変更されています。

　ここで、早速、前段で説明した変数「self.all_block_transactions」が使われています。

ここから先は、新たに加わったメソッドについて順に説明していきます。

●hashメソッド

ハッシュ値を計算して返すメソッドです。内容に関しては、4-2-1で説明したものと同じです。

●set_all_block_transactionsメソッド

現在のブロックチェーン内にある全てのトランザクションをリスト形式にして返すメソッドです。

●save_blockchainメソッド

その名の通り、ブロックチェーンをファイルに保存するメソッドです。

●load_blockchainメソッド

その名の通り、ブロックチェーンをファイルから読み込むメソッドです。

●verify_chainメソッド

マイナーから送られてくるブロックチェーンの各ブロックが正しく作成されているかをチェックするメソッドです。引数として、ブロックチェーンを渡します。
以下の点をチェックしています。

①ファーストブロックが改ざんされていないか？
②各ブロックに1つ前のブロックのハッシュ値が正しく設定されているか？
③ナンスが正しく計算されているか？
④報酬用トランザクションの中でマイナーへの報酬が正しく設定されているか？
⑤報酬用トランザクションが重複していないか？
⑥各トランザクションの電子署名は正しく設定されているか？
⑦トランザクションはリユースされていないか？

色々と調べていますが、ブロックチェーンシステムの中核をなすメソッドなので当然です。

上記の③について、もう少し説明します。「format(int(self.hash(block_without_time),16),"0256b")」の部分は、時間を除いたブロックであるblock_without_timeを対象としてハッシュ値（16進数の文字列）を計算して、それを整数経由で2進数の文字列（256ビット分）に変換しています。そして、その下の10桁（POW_DIFFICULTYが「10」に設定されているので）が全部「0」であれば、ナンスが正しく計算されていることになります。

ここで、「あれ？　図4-3では、16進数で表現していたのに、なぜ、2進数？」と気付きましたか？　素晴らしい注意力をお持ちです。図4-3では、ハッシュ値が16進数で表記されているので、簡略化のため16進数のまま説明をしましたが、実際に16進数で扱うと、難易度調整が難しい（POW_DIFFICULTYの値が1つ上がると一気に16倍も計算時間が延びる）ので、2進数にして、「倍半分」で難易度を調整できるようにしています。

　ちなみに、4-2-2で各ブロックに「キーとしてはtime、transactions、hash、nonceの4つがある」と説明したのに、ここでは「time」を除いてナンスを取得しているのは、ナンスを算出するのに時間がかかり（本番環境では10分程度）、実際にブロックが作成された時間とずれてしまうためです。

　よって、「time」はナンス算出に成功したときの時間を後から付け加えています。

●replace_chainメソッド

　サーバが保持しているブロックチェーンを、マイナーから受信したブロックチェーンに置き換えるメソッドです。

　通常、verify_chainメソッドを呼んで問題がなかった後に呼ばれます。引数としてブロックチェーンを渡します。メソッド内で新しいブロックチェーン内に加わったトランザクションをトランザクションプールから削除しています。こうしないとトランザクションプールが際限なく膨らんでしまいます。

　また、前述の「set_all_block_transactionsメソッド」もチェーン入れ替えの際にここで呼んでいます。

●create_new_blockメソッド

　これは、マイナーが次で説明する「mining.py」から使用するメソッドです。引数として**マイナー**（報酬を受け取る人）のアドレス（公開鍵）を渡します。

　ここで、ブロックチェーンやトランザクションを引数として渡さないのは、このメソッドを呼ぶ前に、予めBlockchainクラスから作成されたインスタンスのメンバ変数である「chain」と「transaction_pool」に、それぞれ、ブロックチェーンやトランザクションを入れてから呼ぶことを前提としているためです。

　処理としては、最初に「トランザクションプールから新しいブロックに加えるべきトランザクションを取得」して、それに対して「報酬用トランザクションを

加える」です。

　報酬用トランザクションは、「sender」が文字列"Blockchain"で、「receiver」が引数で渡されたminerで、「amount」が報酬額であるREWARD_AMOUNT、そして「signature」は"none"に設定されたトランザクションです。ここで、ルール通りに報酬用トランザクションを作らないとverify_chainメソッドで弾かれるようになっています。

　ちなみに、「signature」が"none"で大丈夫かと心配されるかもしれませんが、報酬用トランザクションを作成できるのは、「早い者勝ちの数当てゲーム」の勝者のみです。誰でも、作れるわけではありません。

　この「ゲームの勝者である」という要件があるので、報酬用トランザクションへの電子署名は不要となります（そもそも、「sender」に設定されている"Blockchain"は公開鍵ですらないですし）。

　このため、verify_chainメソッドの中でも電子署名チェックはされません。

　次に、ナンスを計算してからブロックを作成します。ナンスの計算方法は、4-2-2で説明しました。スクリプト中では、

```
while not format(int(self.hash(block_without_time),16),"0256b")
[-POW_DIFFICULTY:] == '0'*POW_DIFFICULTY:
```

の部分でハッシュ値の下何桁が0になっているかをチェックしています（0がPOW_DIFFICULTYに設定された数だけ並んでいるかどうか）。

　この条件が揃わない限り、block_without_time内のnonceに1を加えながら無限にループします。

　ナンスが算出できたら、最後にブロックチェーンの最後に、新しく作成したブロックを加えます。これで完了です。

　blockchain.pyの変更箇所の説明は以上です。
　長かったですが、とても大事な箇所です。それでは、最後に、実際にマイニングをするスクリプトmining.pyを、以下の内容で「c:\blockchain」に作成してください。

```
import blockchain
import requests
import sys
import json

def http_get(path):
    res = requests.get(path)
    if res.status_code != 200:
        print("http request error")
        sys.exit()
    return res

if __name__ == "__main__":
    miner = "a9768f6b6b025e9674c021a1e24745093ca1cb55bd6e43ecd5
dc82ebe943cc28e02537aff448948ce3e32551d884fa5f1b4cf17e70d20369c6
37399c05c3deb8" #Cさん
    ip_address = "127.0.0.1"
    blockchain = blockchain.BlockChain()

    res = http_get("http://" + ip_address+ ":8000/chain")
    chain_dict = res.json()
    blockchain.chain = chain_dict

    res = http_get("http://" + ip_address + ":8000/transaction_
pool")
    transaction_dict = res.json()
    transactions = transaction_dict["transactions"]
    blockchain.transaction_pool["transactions"] = transactions

    blockchain.create_new_block(miner)

    res = requests.post("http://" + ip_address + ":8000/chain",
json.dumps(blockchain.chain))
    print(res.text)
```

●リスト4-4　mining.py

「mining.py」の内容を説明していきます。

今回は、「Cさんがマイニングを行うもの」とします。よって、miner変数にCさんのアドレス（公開鍵）を入れます。スクリプトでは、サーバの「/chain」パスと「/transaction_pool」パスにHTTPのGETメソッドでアクセスしてサーバからブロックチェーンとトランザクションプールを取得しています。

それを、それぞれblockchainインスタンスのchainとtransaction_pool["transactions"]にセットしてからcreate_new_blockメソッドを呼んで、新しいブロックチェーンを作成しています。後は、この新しく作成されたブロックチェーンをサーバの「/chain」パスにHTTPのPOSTメソッドを使って送信しているだけです。

それでは、実際に動かしてみましょう。

既にスクリプトを見て、お気付きと思いますが、今回は「ローカルのサーバを立ち上げて動作確認する前提」で、スクリプトを書いているので、ローカルサーバで動かしてみましょう（もちろん、IPアドレスを変更すればEC2上でも動きますが）。

3-5を参考にしながらAnaconda Prompt内で、cdコマンドで「c:\blockchain」に移動して「python main.py」を実行してサーバを起動してください。

その際、トランザクションプールが空の状態からテストしたいので、サーバ起動前に同じディレクトリにある「transaction_data.pkl」は削除しておきましょう。

この時点で、ウェブブラウザから以下の2つのアドレスにブラウザからアクセスして現在のトランザクションプールとブロックチェーンの中身を確認しておきましょう。

ブロックチェーンは、ファーストブロックのみ、トランザクションプールは空の状態になっているでしょうか。

http://127.0.0.1:8000/transaction_pool

http://127.0.0.1:8000/chain

次は最初のマイニングを行いましょう。

「え？　トランザクションプールが空なのにマイニングできるの？」と思われたかもしれませんが、「最初は誰もコインを持っていない」ので、そもそも送金が不可能です。よって、トランザクションプールが空の状態でもマイニングはできるようになっています。

上記のサーバを起動したものとは、別のAnaconda Promptを起動して、cdコマンドで「c:\blockchain」に移動して「python mining.py」を実行してください。

　{"message":"Chain is posted."}というメッセージが返ってくれば、マイニング成功です。

　再び上記2つのアドレスにブラウザからアクセスしてみましょう。transaction_poolの方は、変化ありませんが、chainの方には、「新たにマイニングによって付け加えられたブロックが表示される」はずです。システムである「Blockchain」からCさんのアドレスに向けて256コイン発行されている報酬用トランザクションがブロック内にあることを確認しましょう。

　コインがあれば、このシステムで初めてのマイニングが行われました。記念すべき第一歩です。

　続けて、「python post_transaction.py」を実行してください（スクリプト中のサーバのアドレスを127.0.0.1に書き直すのを忘れないでくださいね）。これは、CさんからDさんに5コイン送金するトランザクションをサーバに送るスクリプトでした。

　Cさんは、マイニングにより256コインも獲得したので5コインの送金は余裕でできますね。スクリプトを実行したら上記のアドレスにブラウザからアクセスしてトランザクションプールに今送ったトランザクションが正しく入っていることを確認してください。

　それでは、再び「python mining.py」を実行してください。

　上記アドレスにブラウザからアクセスして、トランザクションプールが空になっていることと、ブロックチェーンに新しいトランザクションが加わっていることを確認しましょう。

　今度は、マイニングの報酬トランザクションだけでなく、「通常の送金トランザクション（CさんからDさんに5コイン送金）」もブロックに入っているはずです。

　このような感じで、この先、誰でも自由にトランザクションをトランザクションプールに送って、自由にマイニング（スクリプト中のminer変数にアドレスを入れれば、誰でもマイニングができて報酬がもらえます）することができます。

　これにより、ブロックチェーンがドンドンと長くなっていきます。

ちなみに、複数人でマイニングしていると自分がマイニングしている間に他の人が先にナンス算出に成功して、新しいブロックをサーバのブロックチェーンにつなげてしまうことがあります。それをしらない、あなたが一生懸命ナンスを算出して、遅ればせながら新しいブロックを加えてサーバに送信したらどうなるでしょうか？

　前述のようにサーバは、今保持しているブロックチェーンより長いチェーンしか受け付けないので、あなたが正しいナンスと共に新しいブロックチェーンを作ったとしても、長さが同じであれば受け付けてくれません。

　この場合は、早々に諦めて、「最新のブロックチェーンとトランザクションプールを対象にして新しくマイニングをスタートする」のが吉です。迷っている間にも、この最新のブロックチェーンがさらに他人のマイニングでドンドン伸びていくかもしれません。

　あと、「トランザクションを含まなくても新しいブロックが作成可能なら、誰もマイニング時にわざわざトランザクションプールからトランザクションをダウンロードしないのでは？」と感じるかもしれませんが、もし、「そういう、マイナーだらけ」で、ブロックチェーンを維持したらどうなるでしょうか？

　結果は、「トランザクションを送信しても、いつまで経ってもブロックチェーンに含まれなく」なります。これでは、誰もブロックチェーンシステムを利用したいと思いません。結果として、誰も前記のブロックチェーンを利用しなくなります。こうなると困るのは、マイナーです。「電力と時間を消費してマイニングしたのに」、その結果である「コインに価値がなくなって」しまうからです。

　そのため、マイナーは「自分のブロックチェーンが魅力的になるように、多くのトランザクションを新しいブロックに含めよう」とするモチベーションが働きます。

　マイニングに必要なトータルの時間に比べれば、「トランザクションプールからトランザクションをダウンロードする時間」は、微々たるものなので、前記のモチベーションを阻害する問題には、なりません（そうなるようにマイニングの難易度を設定するのが重要です）。

　ここまで説明したように、「性善説に則っている」わけではなく、皆が「己の欲求を満たすように動く」と「ブロックチェーンが維持される」ということです。よく考えられています。

4-3

アカウント残高を把握できるようにしよう

　前節まででブロックチェーンを作るのに必要な最低限の仕組みは、実装できました。

　しかし、現在の状態では、「コインを1枚も持っていない人でも送金トランザクションをトランザクションプールに送る」ことができ、また、「その結果、マイニングがされれば、そのトランザクションは、ブロックチェーン内に記述されて」しまいます。

　こうなってしまったら、「いつか俺は、金持ち（コイン持ち）になるから、色々な人にコインを送金しておこう」という人が出てきて、ブロックチェーン内は無意味な（将来的には意味が出るかもしれませんが）トランザクションでいっぱいになってしまいます。

　これは、避けたいので「マイニングのときに、トランザクションをチェックして、本当に送れるだけのコインを持っている人（アドレス）のトランザクションだけをブロックチェーンに加える」ように、変更をしましょう。当然、サーバ側でも同様にブロックチェーンをチェックするようにします。

　ちなみに、「それなら、ブロックチェーンではなくてトランザクションプールに入れる段階で弾いた方が、よいのでは？」と思われるかもしれませんが、ネット経由でトランザクションのやりとりをしている以上、各トランザクションの受信にタイムラグが生じることは避けられません。

　そうすると、たとえば、「現在、Bさんがコインを持っていない状態」だとして、「AさんからBさんに5コイン送金」というトランザクションの後に、「BさんからCさんに5コイン送金」というトランザクションが届けば問題ありません。

　しかし、タイムラグの影響で、受信順が逆になったときに、「Bさんは、コインを持っていないのにCさんへ送金トランザクションを送ってきた。このトランザクションは、削除しよう」としてしまっては、困ります。

　そこで、トランザクションプールでは「リユースではなくて、金額がマイナスではなくて、電子署名が正しい」トランザクションは、全て受け付けて貯めておくようにします。

4-3-1. サーバ側で残高チェックして不良ブロックチェーンを受信しないようにしよう

本書のブロックチェーンでは、マイニングはローカルで行われるので、マイナーが正しくブロックチェーンを作成していないと、サーバに送信されてくるブロックチェーン内に無駄なトランザクション（残高不足で実際には送金ができないトランザクション）がある可能性があります。

これを、検出できるようにしましょう。

「blockchain.py」の最後に、以下のメソッドを加えてください。

```python
def account_calc(self, transactions):
    accounts = {}
    transactions_copy = transactions.copy()
    for transaction in transactions_copy:
        if transaction["sender"] != "Blockchain":
            if transaction["sender"] not in accounts:
                accounts[transaction["sender"]] = int(0)
            accounts[transaction["sender"]] -= int(transaction["amount"])
        if transaction["receiver"] not in accounts:
            accounts[transaction["receiver"]] = int(0)
        accounts[transaction["receiver"]] += int(transaction["amount"])
    return accounts
```

● リスト4-5　blockchain.py（一部抜粋）

新しく「account_calc」メソッドを作成しました。

このメソッドは、ブロックチェーン内の全てのトランザクションを引数として受け取り、各アカウント（アドレス）毎にコインの残高を算出して、辞書型の変数「accounts」に入れた値を戻します（キーが「アドレス」で、その値が「コイン数」）。

内容としては、各トランザクションの「"sender"に設定されているアドレスから"amount"の分だけコインを減らし（senderがBlockchainのときは無視）、"receiver"に設定されているアドレスへ"amount"の分だけコインを増やす」とい

う単純なものです。

　このaccount_calcメソッドをverify_chainメソッドから呼ぶように変更します。

　「blockchain.py」の以下の部分を、変更してください（網掛け部分が変更箇所です）。

```
    def verify_chain(self, chain):
        all_block_transactions = []
        for i in range(len(chain["blocks"])):
            block = chain["blocks"][i]
            previous_block = chain["blocks"][i-1]
            if i == 0:
                if block != self.first_block:
                    return False
            else:
                if block["hash"] != self.hash(previous_block):
                    return False
                block_without_time = {
                    "transactions": block["transactions"],
                    "hash": block["hash"],
                    "nonce": block["nonce"]
                }
                if format(int(self.hash(block_without_
time),16),"0256b")[-POW_DIFFICULTY:] != '0'*POW_DIFFICULTY:
                    return False
                reward_trans_flg = False
                for transaction in block["transactions"]:
                    if transaction["sender"] == "Blockchain":
                        if reward_trans_flg == False:
                            reward_trans_flg = True
                        else:
                            return False
                        if transaction["amount"] != REWARD_
AMOUNT:
```

```
                    return False
            else:
                if self.verify_
transaction(transaction) == False:
                    return False
                if transaction not in all_block_
transactions:
                    all_block_transactions.
append(transaction)
            else:
                return False
        if all_block_transactions != []:
            if min(self.account_calc(all_block_transactions).
values()) < 0:
                return False
        return True
```

●リスト4-6　blockchain.py（一部抜粋）

　サーバが、現在、「保持しているブロックチェーンの全トランザクションを
account_calcに引数として渡して、戻り値である辞書型の値の最小値をチェック」
しています。これが、0未満なら「本来送れないはずの送金トランザクション」が
入っていることになるのでverify_chainメソッドでFalseをリターンするように
しています。

　サーバ側の変更は、以上です。

4-3-2. マイナー側で残高チェックしてトランザクションを選ぼう

次は、マイナー側のスクリプトを変更していきます。

「mining.py」を以下のように変更してください（網掛け部分が変更箇所です）。

```python
import blockchain
import requests
import sys
import json

def http_get(path):
    res = requests.get(path)
    if res.status_code != 200:
        print("http request error")
        sys.exit()
    return res

if __name__ == "__main__":
    miner = "a9768f6b6b025e9674c021a1e24745093ca1cb55bd6e43ecd5
dc82ebe943cc28e02537aff448948ce3e32551d884fa5f1b4cf17e70d20369c6
37399c05c3deb8" #Cさん
    ip_address = "127.0.0.1"
    blockchain = blockchain.BlockChain()

    res = http_get("http://" + ip_address+ ":8000/chain")
    chain_dict = res.json()
    blockchain.chain = chain_dict
    blockchain.set_all_block_transactions()

    res = http_get("http://" + ip_address + ":8000/transaction_
pool")
    transaction_dict = res.json()
    transactions = transaction_dict["transactions"]
```

```
    transactions_copy = transactions.copy()
    all_block_transactions_copy = blockchain.all_block_
transactions.copy()
    for transaction in transactions_copy:
        all_block_transactions_copy.append(transaction)
        if min(blockchain.account_calc(all_block_transactions_
copy).values()) < 0:
            transactions.remove(transaction)

            all_block_transactions_copy.remove(transaction)

    blockchain.transaction_pool["transactions"] = transactions

    blockchain.create_new_block(miner)

    res = requests.post("http://" + ip_address + ":8000/chain",
json.dumps(blockchain.chain))
    print(res.text)
```

●リスト4-7　mining.py

　まず、Blockchainクラスのset_all_block_transactionsメソッドを使ってblockchainインスタンスのall_block_transactionsメンバ変数を計算しています。

　次に、このall_block_transactionsにトランザクションプールから受け取ったトランザクションを順番に加えていき、その都度、前述のverify_chainメソッドと同じやり方で不要な（アカウント残高がマイナスになってしまう）トランザクションを見つけて削除しています。

　あくまでも、ローカルで受信したトランザクションプールから削除しているだけで、サーバのトランザクションプールは、そのままです。これにより、「アカウント残高がマイナスのアドレスが、新しく作るブロックに入らない」ようにしています。

　このやり方なら、4-3節の最初で説明したBさんがコインを持っていない状態で、「BさんからCさんに5コイン送金」というトランザクションの後に「AさんからBさんに5コイン送金」というトランザクションが届いた場合、「BさんからCさんに5コイン送金」トランザクションはローカルでは削除されてブロックチェーンには入りません。

「それで大丈夫か？」と思われるかもしれませんが、その場合でも「Aさんから
Bさんに5コイン送金」というトランザクションはブロックチェーンに入るので、
その後にマイニングする際に、新たにトランザクションプールからトランザク
ションを再取得すれば、「BさんからCさんに5コイン送金」のトランザクション
はブロックチェーンに入ります（なので、大丈夫です）。

さて、これでマイナー側の変更も完了です。
実際に次節で動作確認をする前に、もう1つスクリプトを作成しましょう。
現在の状態だと、「誰が何コインを持っているのか？」ということを把握するた
めには、ブロックチェーン内の全送金トランザクションと報酬用トランザクショ
ンをチェックする必要があります。
現時点なら、人の目でも、なんとか確認はできますが、量が増えたら不可能に
なるので残高を確認するためのスクリプトを作っておきましょう。
「show_accounts.py」を以下の内容で「c:\blockchain」に作成してください。

```
import blockchain
import requests
import json

blockchain = blockchain.BlockChain()
blockchain.chain = requests.get("http://127.0.0.1:8000/chain").
json()
blockchain.set_all_block_transactions()
print( blockchain.account_calc(blockchain.all_block_
transactions) )
```

●リスト4-8　show_accounts.py

「show_accounts.py」は、10行もないスクリプトで、内容は全て説明済みです。
ローカルでサーバを起動した状態で「show_accounts.py」を動かしてみましょう。
4-2-3を、実行した後であれば、以下のように表示されます。

```
{'a9768f6b6b025e9674c021a1e24745093ca1cb55bd6e43ecd5dc82ebe943cc
```

```
28e02537aff448948ce3e32551d884fa5f1b4cf17e70d20369c637399c05c3d
eb8': 507, 'dff9b7868d1508581bf172c28db61b1267d86ca120bd83231d8a
559008b1555db6d63374a023eb0897d8018c69d4d1e4417a1f50ab0c4467243e
09daa29d0d03': 5}
```

　この表示で、「Ｃさんが507コイン、Ｄさんが5コイン」を持っていることが読み取れます。

4-4

様々なテストしよう

　それでは、少し複雑なテストをしてシステムがちゃんと動いているかどうか確認しましょう。

　Anaconda Prompt内で、cdコマンドで「c:\blockchain」に移動して「python main.py」を実行してサーバを起動してください。

　その際、ブロックチェーンとトランザクションプールが「空の状態からテストしたい」ので、サーバ起動前に、同じディレクトリにある2つのファイル、「chain_data.pkl」と「transaction_data.pkl」を忘れずに削除しください。

　続いて、以下の操作を行ってください。

> ①AさんからCさんへ5コイン送金
> ②CさんからDさんへ3コイン送金
> ③Aさんがマイニング（報酬は256コイン）
> ④CさんからBさんへ10コイン送金
> ⑤Cさんがマイニング（報酬は256コイン）
> ⑥CさんからDさんへ10コイン送金
> ⑦Dさんがマイニング（報酬は256コイン）

　送金には、「post_transaction.py」、マイニングには、「mining.py」を使用します。

　毎回毎回、各人の秘密鍵と公開鍵をコピペするのは、面倒であり間違えも起こるので、予め、「post_transaction.py」には、

```
#secret_key_sender_str = "76f0446638f57dc78fe154f452b9a14d73b2a
55d729311ec8cf482883027b05d"#Aさん
#secret_key_sender_str = "7c5317ec54481d9922ea4e3d6be797db678ca
282d84031b006fa7b850c238951"#Cさん
#public_key_receiver_str = "f37996d4748fd4ccd58bb00fe73a3636ea1
c6600a25a4a1bb22627b01d274d7ce1d717c7e9b79394c8a260e2337f1d8eac7
8b66f94bbdebddd5804fb8e0369b1"#Bさん
#public_key_receiver_str = "a9768f6b6b025e9674c021a1e24745093ca
1cb55bd6e43ecd5dc82ebe943cc28e02537aff448948ce3e32551d884fa5f1b4
cf17e70d20369c637399c05c3deb8"#Cさん
```

```
#public_key_receiver_str = "dff9b7868d1508581bf172c28db61b1267d
86ca120bd83231d8a559008b1555db6d63374a023eb0897d8018c69d4d1e4417
a1f50ab0c4467243e09daa29d0d03"#Dさん
```

「mining.py」には、

```
#miner = "0b20967e45812fa099370ce891e5f7d65a3b8483edc1c8d23d4e24
96f227278e09115b724bfe9d24d64301fa66afc96aae909aa89a52922f37a561
6fe763f8ac" #Aさん
#miner = "a9768f6b6b025e9674c021a1e24745093ca1cb55bd6e43ecd5dc82
ebe943cc28e02537aff448948ce3e32551d884fa5f1b4cf17e70d20369c63739
9c05c3deb8" #Cさん
#miner = "dff9b7868d1508581bf172c28db61b1267d86ca120bd83231d8a55
9008b1555db6d63374a023eb0897d8018c69d4d1e4417a1f50ab0c4467243e09
daa29d0d03" #Dさん
```

を貼り付けておき、適宜コメントアウトして使うと操作が楽になります。

さて、送金とマイニングを実行したら、各段階で「show_accounts.py」を動かしてアカウントの残高を確認しましょう。

以下のようになっていること（アカウント残高がマイナスになるトランザクションがブロックに加えられないこと）を確認しましょう。

```
③の後の採掘ブロック数1のとき（新たにブロックに加わる送金トランザク
  ションは無し）：
  Aさん256コイン、Bさん0コイン、Cさん0コイン、Dさん0コイン

⑤の後の採掘ブロック数2のとき（新たにブロックに加わる送金トランザク
  ションは①と②）：
  Aさん251コイン、Bさん0コイン、Cさん258コイン、Dさん3コイン

⑦の後の採掘ブロック数3のとき（新たにブロックに加わる送金トランザク
  ションは④と⑥）：
  Aさん251コイン、Bさん10コイン、Cさん238コイン、Dさん269コイン
```

ちなみに、マイニングするたびに、256コインが増えるので、マイニング後の総コイン数は、「採掘ブロック数×256」となります。これで、とりあえず動くブロックチェーンシステムが完成しました。

　次の章では、これを複数のサーバで運用できるようにしていきます。

第5章

....

サーバを増やそう

　単一サーバでのブロックチェーン稼働は一応完成しましたが、サーバが1台というのは少々不安です。たとえば、サーバを維持している管理人が、勝手にサーバのスクリプトを書き替えて、「トランザクションを増やしたり、減らしたり」したらどうしますか？　また、何かの事故で「サーバが故障・停止」、「データが全部消えた」としたらどうしますか？　このようなシステム上で送金をしたいと思うでしょうか？

　これらの事態を想定すると、「ブロックチェーンの健全性を維持する」ためには、複数サーバで台帳を維持する必要があることが分かります。

　「衆人環視の下、台帳を維持する」ためには、「皆でサーバにアクセスして、データをチェックする」というだけではなく、サーバ自体も、お互いに提供し合うことも必要ということです。もちろん、充分な数のサーバが存在している状態になれば、サーバは提供せずに送金とマイニングのみ参加するという人が出てきても問題ありません。

　この章では、サーバを複数立ち上げてブロックチェーンを維持する仕組みを導入していきます。複数のサーバが存在すると、トランザクションやブロックチェーンを「どのように送受信する」か、新たなルールを決める必要があります。また、マイニングの速度を調整するための「難易度調整」と「インフレ抑制の仕組み」も、この機会に導入します。

5-1

複数サーバでブロックチェーンを
維持しよう

さて、ここしばらくローカルでサーバを動かしてきましたが、ここから先は、AWSのEC2を使うことになります。複数のサーバをローカルで起動する方法もありますが、それに慣れてしまうといつまで経っても、「**誰もが使えるブロックチェーン**」には、ならないので、ここで切り替えていきましょう。

なお、複数のEC2を立ち上げると、**無料利用枠**の範囲を超えることがあります。また、サーバを3台も起動するので、もともと無料利用枠が無い人は、利用料金が3倍になります。予めご了承ください。

どうしても、無料利用枠の中で使いたい人。対策には、2つ方法があります。

1つ目は、3台の合計稼働時間を毎月750時間以内に収めるというものです。この場合、本書に従って学習しているときのみサーバ（EC2インスタンス）を起動して、それ以外は、極力停止するようにする必要があります（面倒ですが、単純で確実）。

もう1つの方法は、「**仲間を見つける**」というものです。「本書で一緒にブロックチェーンを勉強しませんか？」と、知り合いに声をかけて3人集まればOKです。この場合、各人のサーバは起動しっぱなしでも大丈夫です（あくまでも無料利用枠があることが前提です）。

それから、「AWSの料金は会社が払ってくれるから毎月数千円ぐらいなら全く問題にならないんだけど」という方。すみませんでした。先に進みましょう。

5-1-1.AWS上で新しいサーバを準備しよう

実は、起動するサーバを増やすのは簡単です。

単にEC2インスタンスを増やせばよいだけです。基本的に、3-1-1と3-1-2でやったのと同じ手順で、もう2台を起動すれば大丈夫です。ただ、その際に、「bc1」や「blockchain1」となっているところは、適宜、「bc2」や「bc3」および「blockchain2」や「blockchain3」に変更してください。

そして、3-2-3に従ってEC2インスタンス上でウェブサーバを3台起動してくだ

さい（それぞれに対してコマンドプロンプトを開くので、コマンドプロンプトは3つ起動します）。

　なお、scpコマンドでサーバにmain.pyだけでなくblockchain.pyもコピーする必要があります。また、各サーバ上で、以下のコマンドを実行してPythonに必要なライブラリをインストールしておいてください。

```
pip3 install pandas fastapi uvicorn ecdsa requests
```

　ウェブサーバが起動したら、ウェブブラウザで各IPアドレスのポート番号8000の/transaction_poolと/chainにアクセスして、正しくトランザクションプールとブロックチェーンの中身が表示されるか確認しましょう。

　EC2インスタンスは、起動するたびにIPアドレスが変わるので、注意しましょう。

5-1-2.マイニング前のブロックチェーンとトランザクションプールのチェック

　さて、このように多数のサーバが起動するようになると、中には何らかの原因により（意図的か過失かは分かりませんが）、正しくルールに従って動いていないサーバも出てくるかもしれません。

　そうなると、今のマイニングのやり方（全てのサーバを100%信頼している）では、問題がありそうです。たとえば、今はサーバからダウンロードしたブロックチェーンを何のチェックもせずに、そのまま使っています。トランザクションプールから取得したトランザクションについても同様です。

　これでは、ダウンロードしたブロックチェーンやトランザクションに問題があった場合、たとえマイニング（ナンスの算出）に成功して、新しく作ったブロックチェーンを送信しても「**ルールに従っている**」サーバからは、受け付けを拒否されてしまいます。せっかく時間をかけてマイニングしたのにもったいないです。

　そこで、サーバから取得したブロックチェーンやトランザクションについて、「**ローカル**」（**マイナー側**）でも、チェックをするようにしましょう。

　mining.pyを、以下のように変更してください（網掛け部分が変更箇所）。

```
import blockchain
import requests
import sys
import json

def http_get(path):
    res = requests.get(path)
    if res.status_code != 200:
        print("http request error")
        sys.exit()
    return res

if __name__ == "__main__":
    miner = "a9768f6b6b025e9674c021a1e24745093ca1cb55bd6e43ecd5
dc82ebe943cc28e02537aff448948ce3e32551d884fa5f1b4cf17e70d20369c6
37399c05c3deb8" #Cさん
    ip_address = "127.0.0.1"
    blockchain = blockchain.BlockChain()

    res = http_get("http://" + ip_address+ ":8000/chain")
    chain_dict = res.json()

    if blockchain.verify_chain(chain_dict) == False:
        print("受信したブロックチェーンに不具合がありました。")
        sys.exit()

    blockchain.chain = chain_dict
    blockchain.set_all_block_transactions()

    res = http_get("http://" + ip_address + ":8000/transaction_
pool")
    transaction_dict = res.json()
    transactions = transaction_dict["transactions"]

    transactions_copy = transactions.copy()
```

```
    all_block_transactions_copy = blockchain.all_block_
transactions.copy()
    for transaction in transactions_copy:
        if (transaction not in all_block_transactions_copy)
and blockchain.verify_transaction(transaction):
            all_block_transactions_copy.append(transaction)
        else:
            transactions.remove(transaction)

    transactions_copy = transactions.copy()
    all_block_transactions_copy = blockchain.all_block_
transactions.copy()
    for transaction in transactions_copy:
        all_block_transactions_copy.append(transaction)
        if min(blockchain.account_calc(all_block_transactions_
copy).values()) < 0:
            transactions.remove(transaction)
            all_block_transactions_copy.remove(transaction)

    blockchain.transaction_pool["transactions"] = transactions

    blockchain.create_new_block(miner)

    res = requests.post("http://" + ip_address + ":8000/chain",
json.dumps(blockchain.chain))
    print(res.text)
```

●リスト5-1　mining.py

5
サーバを増やそう

これで、ブロックチェーンに関しては、サーバ側と同じようにverify_chainメソッドを使ってチェックするようにしています。

トランザクションに関しては、verify_transactionメソッドを使ってチェックすると共にリユースされているトランザクションもトランザクションプールから除外するようにしています。

これで「ルールを決めて衆人環視の下、台帳を維持する仕組み」がさらにブラッ

複数サーバでブロックチェーンを維持しよう　5-1　　111

シュアップされました。

　早速、動かしてみましょう。今回はEC2インスタンスのどれか1つだけを起動すればOKです。起動したEC2インスタンスにログインしてください。ウェブサーバ起動の前にブロックチェーンとトランザクションプールをリセットしておいた方がよいので、ログインしたら以下のコマンドを実行しておいてください。今後もちょくちょくブロックチェーンをリセットする必要が出てくるので、このコマンドは覚えておくと便利です。

```
rm *.pkl
```

　このコマンドでサーバ上の「chain_data.pkl」と「transaction_data.pkl」が削除されます。削除したら「python3 main.py」でウェブサーバを起動してください。

　次に、ローカルPC上でAnaconda Promptを起動して、cdコマンドで「C:\blockchain」に移動後、「python mining.py」を実行してください。上記のmining.py中の「ip_address」は、このEC2インスタンスのIPアドレスに予め変更しておいてください（127.0.0.1、のところです）。今はサーバが正常に動いているので、「何のエラーも出ずにマイニングが成功するはず」です。

　余裕のある人は、サーバ上の「chain_data.pkl」と「transaction_data.pkl」を削除（ブロックチェーンをリセット）して、blockchain.pyの「REWARD_AMOUNT」の値を「200」（ルールに反した数値）にしてみて、サーバを再起動してから1回、mining.pyを実行してください。この際、サーバとローカルの両方のblockchain.pyをエディットしないとルール違反のマイニングができないので注意しましょう。

　そのうえで、ローカル側のblockchain.pyの「REWARD_AMOUNT」の値を256に戻して再びmining.pyを実行してみてください。正しく「受信したブロックチェーンに不具合がありました。」と表示されたでしょうか？

　「REWARD_AMOUNT」を勝手な数値にしているブロックチェーンは、問題ありなので、正しく検出できてひと安心です。

　トランザクションの方もサーバ側でわざと問題のあるトランザクション（たとえば電子署名が正しくないもの）をトランザクションプールに受け付けるようにした後に、mining.pyを実行すると、問題のあるトランザクションが、「新しいブロックチェーンに入らないで（無視されて）マイニングできる」ことを確認できま

す。

　今回の改良により、「このサーバは、なんだか怪しいな」というのが見分けられるようになります。そうして、「怪しいサーバを皆が使わないようになる」ことによってブロックチェーンの自浄作用が働きます。

5-1-3.複数サーバでトランザクションのテストをしよう

　さて、ここで決めねばならないことがあります。今までは、「post_transaction.py」を使って1台のサーバに向かってトランザクションを送信していましたが、サーバが複数台になる場合、その全てにトランザクションを送らなければならないのでしょうか？

　基本的に、「どのサーバもなるべく多くのトランザクションをプールできていた方がブロックチェーンシステム全体としては動作が安定」します（完璧に同期は無理だとしても）。

　しかし、送金トランザクションを作る人は、ブロックチェーンシステムにとっては、ある種のお客様です。お客様に「送金毎に全サーバに送金トランザクションを送れ」というのでは、使い勝手が悪いといわれます。

　そこで、本書のブロックチェーンでは、「**トランザクションのブロードキャスト**（他のサーバへの送信）の責任」は、サーバに負わせることにします。

　それでは、サーバがトランザクションを受信した際に、他のサーバに受信したトランザクションを送信する仕組みを実装ます。

　まずは、サーバのIPアドレスを保存しておくファイル「node_list.py」を、以下の内容で「C:\blockchain」に作成してください。ファイルは、後ほど各サーバにscpコマンドでアップロードします。

```
Node_List = ["xxx.xxx.xxx.xxx", "xxx.xxx.xxx.xxx", "xxx.xxx.
xxx.xxx"]
```

●リスト5-2　node_list.py

　「node_list.py」は、全サーバのIPアドレスを保存するファイルです。上記のxxx.xxx.xxx.xxxの部分は、3つのEC2インスタンスのIPアドレスに書き替えてください。順番は問いませんが、ここでは、分かりやすく「bc1」、「ｂｃ2」、「ｂｃ

3」の順にします。

　繰り返しになりますが、「EC2インスタンスは、起動毎にIPアドレスが変わるので、注意をしましょう」(7章で紹介するElasticIPを導入すればIPアドレスは固定化できます)。

　次は「main.py」を以下のように変更してください(網掛け部分が変更箇所です)。

```python
blockchain = blockchain.BlockChain()
blockchain.transaction_pool = blockchain.load_transaction_pool()
blockchain.chain = blockchain.load_blockchain()
blockchain.get_my_address()
blockchain.set_all_block_transaction()
app = FastAPI()


@app.get("/transaction_pool")
def get_transaction_pool():
    return blockchain.transaction_pool


@app.post("/transaction_pool")
def post_transaction(transaction :Transaction):
    transaction_dict = transaction.dict()
    if blockchain.verify_transaction(transaction_dict):
        if blockchain.add_transaction_pool(transaction_dict):
            blockchain.save_transaction_pool()
            blockchain.broadcast_transaction(transaction_dict)
            return { "message" : "Transaction is posted."}


@app.post("/receive_transaction")
def receive_transaction(transaction :Transaction):
    transaction_dict = transaction.dict()
    if blockchain.verify_transaction(transaction_dict):
        if blockchain.add_transaction_pool(transaction_dict):
            blockchain.save_transaction_pool()
```

```
                    return { "message" : "Transaction is received."}
@app.get("/chain")
def get_chain():
    return blockchain.chain
```

● リスト5-3　main.py（一部抜粋）

変更の内容について説明します。「blockchain.get_my_address()」は、Blockchain クラスに新しく作成する「get_my_address」メソッドを呼び出しています（内容は後述）。ウェブサーバが起動しているEC2インスタンスのIPアドレスを取得するメソッドです。

post_transaction メソッドの中で、Blockchain クラスに新しく作成する「broadcast_transaction」メソッドを呼び出しています（内容は後述）。このメソッドを使って、受信したトランザクションをブロードキャスト（他のサーバへ送信）しています。

クライアント（ユーザ）からの送金トランザクションは、常に「/transaction_pool」パスで受け付けて、サーバからサーバへの送金トランザクションは「/receive_transaction」パスで受信するようにします。

基本的に、「/receive_transaction」パスで受信したトランザクションは、「/transaction_pool」パスで受信したときと同じ処理をしますが、他のサーバへのブロードキャストは、行いません。なぜなら、サーバ間で無限にトランザクションを送り合うことになってしまうからです。

最後は、「blockchain.py」を以下のように変更してください（網掛け部分が変更箇所です）。

```
from ecdsa import VerifyingKey, BadSignatureError, SECP256k1
import binascii
import json
import pandas as pd
import os
import hashlib
from datetime import datetime, timezone
import node_list
import requests
```

```python
from concurrent.futures import ThreadPoolExecutor

POW_DIFFICULTY = 10
REWARD_AMOUNT = 256
TRANSACTION_FILE = "./transaction_data.pkl"
BLOCKCHAIN_FILE = "./chain_data.pkl"

class BlockChain(object):
    def __init__(self):
        self.transaction_pool = {"transactions": []}
        self.chain = {"blocks": []}
        self.first_block = {
            "time": "0000-00-00T00:00:00.000000+00:00",
            "transactions": [],
            "hash": "SimplestBlockChain",
            "nonce": 0
        }
        self.chain["blocks"].append(self.first_block)
        self.all_block_transactions = []
        self.my_address = ""

    def save_transaction_pool(self):
        pd.to_pickle(self.transaction_pool, TRANSACTION_FILE)
```

●リスト5-4　blockchain.py（一部抜粋）

さらに、「blockchain.py」の最後（BlockChainクラス内）に、以下の2つのメソッドを付け加えてください。

```
    def get_my_address(self):
        self.my_address = requests.get("http://169.254.169.254/
    latest/meta-data/public-ipv4").text


    def broadcast_transaction(self, transaction):
        with ThreadPoolExecutor() as executor:
            for url in node_list.Node_List:
                if url != self.my_address:
                    executor.submit(requests.post,
    "http://"+url+":8000/receive_transaction", json.
    dumps(transaction))
```

●リスト5-5　blockchain.py（一部抜粋）

「blockchain.py」の変更内容について説明します。まず、今回作成した「node_list.py」内のNode_List変数にアクセスしたいので「import node_list」でインポートしています。なお、「import requests」は、説明済みです。

「from concurrent.futures import ThreadPoolExecutor」で**マルチスレッド**（複数の処理を平行して行う仕組み）用のライブラリをインポートしています。

Blockchainクラスのメンバ変数にmy_addressを追加しています。この変数に、このスクリプトが起動しているEC2インスタンスのIPアドレスを保存します。その処理を行っているのが「get_my_address」メソッドです。現在のEC2インスタンスのIPアドレスは、「169.254.169.254/latest/meta-data/public-ipv4」にアクセスすると得られる仕組みをアマゾンが提供しているので、それを利用しています。

最後は「broadcast_transaction」メソッドです。この中では、「node_list.py」内のNode_List変数のIPアドレスを順番に読み込んで、自分のIPアドレスと異なるIPアドレスのときに、「/receive_transaction」パスに対してトランザクションを送信するようにしています。その際、1つ1つのrequests.postメソッドのレスポンスを待っていると時間がかかるのでマルチスレッドにして時間を省略しています。

それでは、トランザクションを送ってみよう。

なお、複数サーバでの動作チェックは、初めてになるので、今までの説明の繰り返しもありますが、丁寧に説明をしましょう。

最初にコマンドプロンプトを3つ起動します。「cd C:\blockchain」で、ディレクトリを移動しておいてください。

3つのコマンドプロンプトからEC2インスタンスの「bc1」、「bc2」、「bc3」に、それぞれ以下のコマンドで、必要なファイル（main.py、blockchain.py、node_list.py）をコピーします。

```
scp -i %HOMEPATH%\Desktop\blockchain1.pem main.py blockchain.py
node_list.py ec2-user@xxx.xxx.xxx.xxx:~
```

上記は、bc1へファイルをコピーする場合のコマンド例です。xxx.xxx.xxx.xxxの部分は、bc1のIPアドレスに書き替えてください。同様にbc2とbc3に対しても、IPアドレスを書き替えてコマンドを実行してください。

その際、「blockchain1.pem」の部分は「blockchain2.pem」と「blockchain3.pem」に、それぞれ書き替えてください。ここを替え換えないとファイルが正しくコピーされません。

「Are you sure you want to continue connecting?」と表示されたら、「yes」と入力してください。IPアドレスの後の「:~」を忘れがちなので注意しましょう。

次は、各コマンドプロンプトから、それぞれのEC2インスタンスにログインします。

以下のコマンドを実行してください。

```
ssh -i %HOMEPATH%\Desktop\blockchain1.pem ec2-user@xxx.xxx.xxx.
xxx
```

上記は、bc1へログインする場合のコマンド例です。xxx.xxx.xxx.xxxの部分は、bc1のIPアドレスに書き替えてください。同様に別のコマンドプロンプト上でbc2とｂｃ3に対してもIPアドレスを書き替えて、コマンドを実行してログインしてください。その際、「blockchain1.pem」の部分は「blockchain2.pem」と

「blockchain3.pem」に、それぞれを書き替えてください。

ログインしたら、それぞれのEC2インスタンス上で以下のコマンドでウェブサーバを起動してください。

```
python3 main.py
```

以下の表示がされれば、起動は成功です。

```
INFO:     Started server process [3244]
INFO:     Waiting for application startup.
INFO:     Application startup complete.
INFO:     Uvicorn running on http://0.0.0.0:8000 (Press CTRL+C
          to quit)
```

もし、以下のエラーが表示された場合は、Pythonで使用しているライブラリのバージョンを変更する必要があります。

```
ImportError: urllib3 v2.0 only supports OpenSSL 1.1.1+,
currently the 'ssl' module is compiled with OpenSSL 1.0.2k-fips
26 Jan 2017. See: https://github.com/urllib3/urllib3/issues/2168
```

この場合は、以下のコマンドを実行してください。

```
python3 -m pip install urllib3==1.26.6
```

これで、OpenSSL 1.1.1を使用しなくて済むようになります。それでは、ウェブブラウザから、以下のアドレスにアクセスして各サーバのトランザクションプールの内容を確認しましょう。

http://xxx.xxx.xxx.xxx:8000/transaction_pool

しつこいですが、xxx.xxx.xxx.xxxの部分は、各EC2インスタンスのIPアドレスに書き替えてください。そして、3つのサーバのトランザクションプールが空

なのが確認できたら大丈夫です。

　それでは、トランザクションをサーバに送ってみましょう。現在、使用している EC2インスタンスのIPアドレスの中から1つを適当に選んで「post_transaction.py」 の requests.post メソッドの中に書かれている送信先のIPアドレス（今は「127.0.0.1」 になっていると思います）を書き直してください。

　Anaconda Prompt を開いて「cd C:\blockchain」コマンドでディレクトリを移動 してから「python post_transaction.py」を実行してください。{"message":" Transaction is posted."} というメッセージが表示されれば大丈夫です。

　post_transaction.py は、サーバ1台にしかトランザクションを送信していませ んが、受信したサーバが、他のサーバにブロードキャストしてくれます。3台全て のサーバのトランザクションプールに送信したトランザクションが入っているこ とを確認しましょう。

　ちなみに、ローカルPCから直接トランザクションを受け取ったサーバのコマ ンドプロンプトには、「"POST /transaction_pool HTTP/1.1" 200 OK」というメッ セージが表示され、それ以外の2つには「"POST /receive_transaction HTTP/1.1" 200 OK」が表示されているはずです。

　これで、トランザクションプールを複数のサーバで共有する方法を確立するこ とができました。

5-1-4.複数サーバでマイニングのテストをしよう

　次は、ブロックチェーンの複数サーバでの共有方法について、決めましょう。

　新しいブロックチェーンを作るのは、マイナーなので、「**マイナーが全サーバに 対してブロードキャストする**」のか、それとも、トランザクションと同様に「**サー バがブロックチェーンをブロードキャストする**」のかという問題です。

　マイナーは、「ブロックチェーンを使って、お金を稼ぐ人」なので、ブロードキャ ストの責任を持たせても問題ない考えます。また、そもそも、マイナーは自分が マイニングに成功した新しいブロックチェーンをなるべく多くのサーバに受け入 れてもらいたいはずです（そうしないと、別のブロックチェーンが伸びていって しまう可能性があるので）。

　であるなら、むしろブロードキャストをサーバ任せではなく、自分で確実に実 施したいと思うマイナーが多そうです。

以上のことから、本書では新しいブロックチェーンのブロードキャストは、マイナーに担当させることにします。

　それでは、実装を開始しましょう。

　mining.pyを、以下のように変更してください（網掛け部分が変更箇所です）。

```python
import blockchain
import requests
import sys
import json
import node_list
import concurrent.futures


def http_get(path):
    res = requests.get(path)
    if res.status_code != 200:
        print("http request error")
sys.exit()
    return res


if __name__ == "__main__":
    miner = "a9768f6b6b025e9674c021a1e24745093ca1cb55bd6e43ecd5
dc82ebe943cc28e02537aff448948ce3e32551d884fa5f1b4cf17e70d20369c6
37399c05c3deb8" #Cさん
    blockchain = blockchain.BlockChain()

    with concurrent.futures.ThreadPoolExecutor() as executor:
        future_to_node = {executor.submit(requests.get,
"http://"+node+":8000/chain"): node for node in node_list.
Node_List}
        max_chain_len = 0
        for future in concurrent.futures.as_completed(future_
to_node):
            node = future_to_node[future]
            try:
```

```
                    temp_dict = future.result().json()
                if blockchain.verify_chain(temp_dict):
                    if max_chain_len < len(temp_
dict["blocks"]):
                        chain_dict = temp_dict
                        ip_address = node
                        max_chain_len = len(temp_
dict["blocks"])
            except Exception as exc:
                print("%s generated an exception: %s" % (node,
exc))
    print("%s is selected. Block length = %d" %(ip_address,
len(chain_dict["blocks"])))


    blockchain.chain = chain_dict
    blockchain.set_all_block_transactions()


    res = http_get("http://" + ip_address + ":8000/transaction_
pool")
    transaction_dict = res.json()
    transactions = transaction_dict["transactions"]


    transactions_copy = transactions.copy()
    all_block_transactions_copy = blockchain.all_block_
transactions.copy()
    for transaction in transactions_copy:
        if (transaction not in all_block_transactions_copy)
and blockchain.verify_transaction(transaction):
            all_block_transactions_copy.append(transaction)
        else:
            transactions.remove(transaction)


    transactions_copy = transactions.copy()
    all_block_transactions_copy = blockchain.all_block_
transactions.copy()
```

```
      for transaction in transactions_copy:
          all_block_transactions_copy.append(transaction)
          if min(blockchain.account_calc(all_block_transactions_
   copy).values()) < 0:
              transactions.remove(transaction)
              all_block_transactions_copy.remove(transaction)

      blockchain.transaction_pool["transactions"] = transactions

      blockchain.create_new_block(miner)

      with concurrent.futures.ThreadPoolExecutor() as executor:
          future_to_node = {executor.submit(requests.post,
   "http://"+node+":8000/chain", json.dumps(blockchain.chain)):
   node for node in node_list.Node_List}
          for future in concurrent.futures.as_completed(future_
   to_node):

              node = future_to_node[future]
              try:
                  print(node + " : " + future.result().text)
              except Exception as exc:
                  print("%s generated an exception: %s" % (node,
   exc))
```

●リスト5-6　mining.py

　それでは、「mining.py」の内容について説明します。

　まず、「最も長いブロックチェーンが正しい」という大前提があるので、全サー
バの保持しているブロックチェーンをチェックして、その中でルールに従って書
かれていて（verify_chainメソッド使用してチェック）、かつ、最も長いブロック
チェーンを取得します。

　この際、マルチスレッドにしてブロックチェーンを取得する時間を省略してい
ます。前述したトランザクションの「ブロードキャスト時のマルチスレッド処理
（broadcast_transactionメソッド内）」では、"**投げっぱなし**"でしたが、今回は、正

しくエラー処理を行っています。

　エラー処理として複雑な処理を行っていますが、実は、以下のPython公式ページのスクリプトをほぼそのまま使っています。

https://docs.python.org/ja/3/library/concurrent.futures.html#threadpoolexecutor-example

　executor.submitメソッドに引数として、requests.getメソッドなどの必要なものを渡して、後から参照できるように、戻り値であるFutureオブジェクトとサーバのIPアドレスを辞書型でまとめています。そして、concurrent.futures.as_completedメソッドを使ってHTTP処理が完了して戻ってきたものから、順に「future.result().json()」でブロックチェーンを取得しています。

　ちなみに、「future.result()」を実行しない限りは、処理の結果が実現しない(つまりエラーが発生しない)仕組みになっています。

　あとは、create_new_blockメソッドを実行後に新しいブロックチェーンをサーバに送信しています。この際もマルチスレッド処理を行っています。そして、どのサーバが新しいブロックチェーンを受け付けてくれたかを表示するようにしています。マイナーとしては、絶対知りたい情報です。

　それでは、早速動かしてみましょう。

　今回は、サーバ側のスクリプトはエディットしていないので、サーバのIPアドレスが変わっていなければ、サーバにアップロードするものはありません。予め、5-1-3を参照してサーバを全部起動してください。また、必要に応じてnode_list.pyをアップロードしてください。

　Anaconda Promptを開いて、「c:\blockchain」に移動したら「python mining.py」を実行してください。全3台のウェブサーバから|"message":"Chain is posted."|が戻ってきたでしょうか?

　余裕があれば、どれか1台のウェブサーバをわざと停止させても(コマンドプロンプト上で[Ctrl] + [C]キーを同時に押してウェブサーバを停止できます)、そのウェブサーバを無視して、正しくマイニング&ブロードキャストができることも確認しましょう。

　以上で、ブロックチェーンを複数のサーバで共有する方法も確立することができました。

5-2

ブロックチェーン維持のために
必要な機能を加えよう

さて、ここまでで、複数サーバでの「トランザクションとブロックチェーンの共有の方法」は、確立できましたが、今のままでは、複数のマイナーがいたら、すぐにブロックチェーンが膨れ上がってしまいます。

「参加するマイナーの人数によって、単位時間あたりに作成されるブロック数が大きく変化する」というのは、通貨システムの安定のためには、あまりよろしくありません。

また、このままだと報酬が固定されているため、マイニングが進むと、「**通貨の価値が徐々に落ちていく**」ことになりかねません。また、「いつマイニングを始めても報酬が変わらない」というのは、マイナーのモチベーション維持にもよろしくありません。

これらの問題に対処するため、この節ではまず、「**マイニングの難易度を自動調整する仕組み**」を実装します。さらに、マイニングの報酬を自動で徐々に下げていく仕組みも実装します。

5-2-1. マイニングの難易度調整

これまで、マイニングの難易度は「**POW_DIFFICULTY**」という定数で決めていました。

これを、実際のマイニングに費やされた時間を計測して、常に一定の時間だけかかるように難易度を調整する仕組みを実装しましょう。

「blockchain.py」を、以下のように変更してください（網掛け部分が変更箇所です）。

```
from ecdsa import VerifyingKey, BadSignatureError, SECP256k1
import binascii
import json
import pandas as pd
import os
import hashlib
```

```python
from datetime import datetime, timezone
import node_list
import requests
from concurrent.futures import ThreadPoolExecutor


POW_DIFFICULTY_ORIGIN = 18
POW_CHANGE_BLOCK_NUM = 10
POW_TARGET_SEC = 10
REWARD_AMOUNT = 256
TRANSACTION_FILE = "./transaction_data.pkl"
BLOCKCHAIN_FILE = "./chain_data.pkl"


class BlockChain(object):
    def __init__(self):
        self.transaction_pool = {"transactions": []}
        self.chain = {"blocks": []}
        self.first_block = {
            "time": "0000-00-00T00:00:00.000000+00:00",
            "transactions": [],
            "hash": "SimplestBlockChain",
            "nonce": 0
        }
        self.chain["blocks"].append(self.first_block)
        self.all_block_transactions = []
        self.my_address = ""
        self.current_pow_difficulty = POW_DIFFICULTY_ORIGIN

    def save_transaction_pool(self):
        pd.to_pickle(self.transaction_pool, TRANSACTION_FILE)

（省略）

    def verify_chain(self, chain):
        all_block_transactions = []
        current_pow_difficulty = POW_DIFFICULTY_ORIGIN
```

```
        for i in range(len(chain["blocks"])):
            block = chain["blocks"][i]
            previous_block = chain["blocks"][i-1]
            if i == 0:
                if block != self.first_block:
                    return False
            else:
                if block["hash"] != self.hash(previous_block):
                    return False
                block_without_time = {
                    "transactions": block["transactions"],
                    "hash": block["hash"],
                    "nonce": block["nonce"]
                }
                current_pow_difficulty = self.get_pow_
difficulty(chain["blocks"][:i], current_pow_difficulty)
                if format(int(self.hash(block_without_
time),16),"0256b")[-current_pow_difficulty:] != '0'*current_pow_
difficulty:
                    return False
                reward_trans_flg = False
                for transaction in block["transactions"]:
                    if transaction["sender"] == "Blockchain":
                        if reward_trans_flg == False:
                            reward_trans_flg = True
                        else:
                            return False
                        if transaction["amount"] != REWARD_
AMOUNT:
                            return False
                    else:
                        if self.verify_
transaction(transaction) == False:
                            return False
                        if transaction not in all_block_
```

```
                        transactions:
                                        all_block_transactions.
append(transaction)
                            else:
                                return False
            if all_block_transactions != []:
                if min(self.account_calc(all_block_transactions).
values()) < 0:
                    return False
            self.current_pow_difficulty = current_pow_difficulty
            return True


(省略)


    def create_new_block(self, miner):
        reward_transaction = {
            "time": datetime.now(timezone.utc).isoformat(),
            "sender": "Blockchain",
            "receiver": miner,
            "amount": REWARD_AMOUNT,
            "signature": "none"
        }
        transactions = self.transaction_pool["transactions"].
copy()
        transactions.append(reward_transaction)
        last_block = self.chain["blocks"][-1]
        hash = self.hash(last_block)
        block_without_time = {
            "transactions": transactions,
            "hash": hash,
            "nonce": 0
        }
        self.current_pow_difficulty = self.get_pow_
difficulty(self.chain["blocks"], self.current_pow_difficulty)
        while not format(int(self.hash(block_without_
```

```
time),16),"0256b")[-self.current_pow_difficulty:] == '0'*self.
current_pow_difficulty:
                block_without_time["nonce"] += 1
        block = {
            "time": datetime.now(timezone.utc).isoformat(),
            "transactions": block_without_time["transactions"],
            "hash": block_without_time["hash"],
            "nonce": block_without_time["nonce"]
        }
        self.chain["blocks"].append(block)

(省略)

    def broadcast_transaction(self, transaction):
        with ThreadPoolExecutor() as executor:
            for url in node_list.Node_List:
                if url != self.my_address:
                    executor.submit(requests.post,
"http://"+url+":8000/receive_transaction", json.
dumps(transaction))


    def get_pow_difficulty(self, blocks, current_pow_
difficulty):
        ix = len(blocks) - 1
        if (ix-1) % POW_CHANGE_BLOCK_NUM == 0 and 1 < ix:
            all_time = 0
            for i in range(POW_CHANGE_BLOCK_NUM):
                all_time += (datetime.
fromisoformat(blocks[ix-i]["time"]) - datetime.
fromisoformat(blocks[ix-i-1]["time"])).total_seconds()
            if all_time / POW_CHANGE_BLOCK_NUM < POW_TARGET_
SEC / 2:
                current_pow_difficulty += 1
            if 1 < current_pow_difficulty and POW_TARGET_SEC *
2 < all_time / POW_CHANGE_BLOCK_NUM:
```

```
                current_pow_difficulty -= 1
        return current_pow_difficulty
```

●リスト5-7　blockchain.py（一部抜粋）

ここから、「blockchain.py」の内容について説明します。

まず、以下の3つの定数を定めています（括弧内は設定値）。

POW_DIFFICULTY_ORIGIN：マイニング難易度の初期値（18）
POW_CHANGE_BLOCK_NUM：マイニング難易度を変更する頻度（10ブ
　　　　　　　　　　　　　　　　　ロック毎）
POW_TARGET_SEC：1回のマイニングに費やされるべき時間（10秒）

　ここでは、開発中のため「マイニング難易度を変更する頻度」も「1回のマイニングに費やされるべき時間」も、小さな値（それぞれ10ブロックと10秒）が入っていますが、本番では、それぞれ大きな値を設定することをお勧めします（たとえば1,000ブロックと600秒）。

　Blockchainクラスの中に現在の難易度を保存するためのメンバ変数としてcurrent_pow_difficultyを作成しました。難易度は、ブロックの先頭から逐次的に計算されていきます。

　verify_chainメソッドの中で、ナンスが正しいかチェックをする際に、get_pow_difficultyメソッド（内容は、後述）を呼び出して難易度を計算しています。

　全ブロックのverifyが、終わった時点でメンバ変数のcurrent_pow_difficultyに値を保存しています。

　create_new_blockメソッドの中でも、ナンス算出時に同様な手法でget_pow_difficultyメソッドを呼び出して難易度を計算しています。

　get_pow_difficultyメソッドでは、ブロックチェーンと現在の難易度を引数として受け取り、POW_CHANGE_BLOCK_NUMで指定されたブロック数毎にマイニングに費やされた平均時間を計算します。

　そして、その平均時間がPOW_TARGET_SECの半分未満であれば、難易度を「1」増やし、逆に2倍を超えていれば難易度を「1」減らします。4-2-3でも説明しましたが、難易度は、「倍半分」でしか調整できません。

　ちなみに、ここでは、どんなに平均時間が変化しても難易度は、「1」しか変化し

ないようにしています。これは、何らかの事情で突発的に平均時間が大きく変化した場合、それに合わせて難易度が大きく変化することによって、システムが不安定になることを避けるためです。

次は、「minin.py」を以下のように変更してください(網掛け部分が変更箇所です)。

```python
(省略)

    with concurrent.futures.ThreadPoolExecutor() as executor:
        future_to_node = {executor.submit(requests.get,
"http://"+node+":8000/chain"): node for node in node_list.
Node_List}
        max_chain_len = 0
        for future in concurrent.futures.as_completed(future_
to_node):
            node = future_to_node[future]
            try:
                temp_dict = future.result().json()
                if blockchain.verify_chain(temp_dict):
                    if max_chain_len < len(temp_
dict["blocks"]):
                        chain_dict = temp_dict
                        ip_address = node
                        max_chain_len = len(temp_
dict["blocks"])
                        temp_pow_difficulty = blockchain.
current_pow_difficulty
            except Exception as exc:
                print("%s generated an exception: %s" % (node,
exc))
        print("%s is selected. Block length = %d" %(ip_address,
len(chain_dict["blocks"])))

    blockchain.chain = chain_dict
    blockchain.set_all_block_transactions()
```

```
    blockchain.current_pow_difficulty = temp_pow_difficulty


    res = http_get("http://" + ip_address + ":8000/transaction_
pool")
    transaction_dict = res.json()
    transactions = transaction_dict["transactions"]

（省略）

    with concurrent.futures.ThreadPoolExecutor() as executor:
        future_to_node = {executor.submit(requests.post,
"http://"+node+":8000/chain", json.dumps(blockchain.chain)):
node for node in node_list.Node_List}
        for future in concurrent.futures.as_completed(future_
to_node):
            node = future_to_node[future]
            try:
                print(node + " : " + future.result().text)
            except Exception as exc:
                print("%s generated an exception: %s" % (node,
exc))
    print("self.current_pow_difficulty = " + str(blockchain.
current_pow_difficulty))
```

●リスト5-8　mining.py（一部抜粋）

　ここでは、特に難しいことはしていません。サーバから取得したブロック
チェーンのチェックで、verify_chainメソッドを実行したときに、current_pow_
difficultyを保存して、最も長いブロックチェーンのcurrent_pow_difficultyを使
用するようにしています。また、スクリプトの最後に、マイニングしたブロック
のcurrent_pow_difficultyの値を表示するようにしています。

　ここで、1回、1回、「python mining.py」を手入力で実行するのは、大変です。
そこで、自動でマイニングを実行できる、バッチファイルを制作します。

　「c:\blockchain」に、「loop.cmd」というファイル名で、以下の内容を作成してく
ださい。

```
@echo off
:loop
python mining.py
goto loop
```

● リスト5-9　loop.cmd

それでは、動かしてみましょう。

予め、5-1-3を参照して全部のサーバを、起動しておいてください。また、blockchain.py および必要に応じて node_list.py をアップロードしてください。ブロックチェーンをリセットするためにウェブサーバを起動する前に、「rm *.pkl」も実行しておきましょう。

Anaconda Promptを開いて、「c:\blockchain」に移動したら「loop.cmd」を実行してください（ファイル名のみで大丈夫です）。ちなみに、終了させる場合は、[Ctrl] + [C]キーを同時に押して、表示される「バッチ ジョブを終了しますか (Y/N)?」のメッセージに対して、[y]キー押して [Enter]キーを押します。

最初は、10ブロック毎（実際は、オフセットが入るので、13ブロックから10ブロック毎）に難易度が変更されると思いますが、数十ブロック（皆さんの使用しているPCの性能によりますが）も進むと安定して変更されなくなると思います。

ここで、Anaconda Promptを、もう1つ開いて「loop.cmd」を実行してみましょう。「マイナー同士が競争をして、勝った方がブロックチェーンを更新できている」、その様子を見ることができます。ただし、マイナーを2倍にしたからといって、単純にマイニング速度も2倍には、なりません。

なぜなら、相手がマイニングに成功した後でも、それに気付かず1つ前のマイニングを、そのまま続けてしまっているからです。

そこで、マイナーを4人に増やしてみましょう。Anaconda Promptを、さらにもう2つ開いて「loop.cmd」を実行くだてください。これぐらいマイナーを増やしてから、しばらく待ってください。マイニングの難易度が上昇することを、確認ができると思います。

これで、マイナーの人数が増減しても、自動でブロックチェーンの長さが増える速度が調整されるようになりました。

5-2-2.マイニング報酬の自動調整

　それでは、次はマイニングの報酬を自動で徐々に下げていく仕組みを実装していきましょう。

　この「**徐々に下げる**」がポイントです。徐々に下げることより、「急いでマイニングに参加しないと、報酬がドンドン下がってしまう」というモチベーションが働きます。多くのマイナーが、参加すればするほど、ブロックチェーンのシステムは安定します。

　ただし、本書のブロックチェーンでは、ビットコインと異なり、「**報酬が最終的に0にはならない**」ようにします（1にします）。これにより、恒久的に手数料は無しで送金が実現できます。手数料は無い方が嬉しいです。

　さて、「blockchain.py」を、以下のように変更してください（網掛け部分が変更箇所です）。

```
from ecdsa import VerifyingKey, BadSignatureError, SECP256k1
import binascii
import json
import pandas as pd
import os
import hashlib
from datetime import datetime, timezone
import node_list
import requests
from concurrent.futures import ThreadPoolExecutor

POW_DIFFICULTY_ORIGIN = 18
POW_CHANGE_BLOCK_NUM = 10
POW_TARGET_SEC = 10
REWARD_AMOUNT_ORIGIN = 256
REWARD_CHANGE_BLOCK_NUM = 10
TRANSACTION_FILE = "./transaction_data.pkl"
BLOCKCHAIN_FILE = "./chain_data.pkl"

(省略)
```

```
def verify_chain(self, chain):
    all_block_transactions = []
    current_pow_difficulty = POW_DIFFICULTY_ORIGIN
    for i in range(len(chain["blocks"])):
        block = chain["blocks"][i]
        previous_block = chain["blocks"][i-1]
        if i == 0:
            if block != self.first_block:
                return False
        else:
            if block["hash"] != self.hash(previous_block):
                return False
            block_without_time = {
                "transactions": block["transactions"],
                "hash": block["hash"],
                "nonce": block["nonce"]
            }
            current_pow_difficulty = self.get_pow_
difficulty(chain["blocks"][:i], current_pow_difficulty)
            if format(int(self.hash(block_without_
time),16),"0256b")[-current_pow_difficulty:] != '0'*current_pow_
difficulty:
                return False
            reward_trans_flg = False
            for transaction in block["transactions"]:
                if transaction["sender"] == "Blockchain":
                    if reward_trans_flg == False:
                        reward_trans_flg = True
                    else:
                        return False
                    if transaction["amount"] != self.
get_reward(i):
                        return False
                else:
```

```python
                    if self.verify_
transaction(transaction) == False:
                        return False
                    if transaction not in all_block_
transactions:
                        all_block_transactions.
append(transaction)
                    else:
                        return False
        if all_block_transactions != []:
            if min(self.account_calc(all_block_transactions).
values()) < 0:
                return False
        self.current_pow_difficulty = current_pow_difficulty
        return True
```

（省略）

```python
    def create_new_block(self, miner):
        reward_transaction = {
            "time": datetime.now(timezone.utc).isoformat(),
            "sender": "Blockchain",
            "receiver": miner,
            "amount": self.get_reward(len(self.
chain["blocks"])),
            "signature": "none"
        }
        transactions = self.transaction_pool["transactions"].
copy()
        transactions.append(reward_transaction)
        last_block = self.chain["blocks"][-1]
        hash = self.hash(last_block)
        block_without_time = {
            "transactions": transactions,
            "hash": hash,
```

```
            "nonce": 0
        }
        self.current_pow_difficulty = self.get_pow_
difficulty(self.chain["blocks"], self.current_pow_difficulty)
        while not format(int(self.hash(block_without_
time),16),"0256b")[-self.current_pow_difficulty:] == '0'*self.
current_pow_difficulty:
            block_without_time["nonce"] += 1
        block = {
            "time": datetime.now(timezone.utc).isoformat(),
            "transactions": block_without_time["transactions"],
            "hash": block_without_time["hash"],
            "nonce": block_without_time["nonce"]
        }
        self.chain["blocks"].append(block)


(省略)


    def get_reward(self, ix):
        reward = REWARD_AMOUNT_ORIGIN // 2**((ix-1) // REWARD_
CHANGE_BLOCK_NUM)
        if reward < 1:
            reward = 1
        return reward
```

●リスト5-10　blockchain.py（一部抜粋）

「blockchain.py」の内容について説明します。

まず、以下の2つの定数を定めています（括弧内は設定値）。

REWARD_AMOUNT_ORIGIN：報酬の初期値（256）
REWARD_CHANGE_BLOCK_NUM：報酬を半減する頻度（10ブロック毎）

開発中のため「**報酬を半減する頻度**」に「10」という小さな値が入っていますが、本番の環境では、大きな数字にすることをお勧めいたします。それが、最終的な

「**インフレ抑制**」にもつながります。

　たとえば、10,000ブロック（1ブロック10分で作成される場合、およそ10週間）
毎に半減するように設定すると、約80週を経過すると報酬は、1コインとなり、
そこから先は、変わりません。

　報酬が、1コインとなった時点でシステム全体での、コイン発行量は約500万と
なっているので、その先は、毎年約5万コインを発行しても、「**インフレ率**」は1%
程度になるので問題ないでしょう。よって、報酬の初期値が256の場合は、「報酬
を半減する頻度」に、これ（10,000）より大きな数字を設定しておけば、インフレ
の問題は発生しないことになります。

　続いてスクリプトの中では、verify_chainメソッドとcreate_new_blockメソッ
ドからget_rewardメソッドを呼び出して、現ブロック長での報酬を計算してい
ます。今までは、「REWARD_AMOUNT」で定数だったところです。

　スクリプトの最後に加えるget_rewardメソッドの中では、ブロック長に応じ
て報酬を必要回数だけ半減するようにしています。この際、最低でも報酬が「1」
になるようにしています。

　それでは、動かしてみましょう。

　今回は報酬額をチェックするのため100回だけmining.pyを動かしたいので
「loop.cmd」の内容を、以下のように変更してください。また、4-4を参考にしなが
らmining.pyをエディットして、今回はCさんがマイニングをする設定にしてお
いてください。

```
@echo off
for /l %%n in (1,1,100) do (
python mining.py
)
```

● リスト5-11　loop.cmd

　予め5-1-3を参照してサーバを全部起動しておいてください。また、blockchain.
pyおよび必要に応じてnode_list.pyをアップロードしてください。ウェブサーバ
を起動（python3 main.pyを実行）する前にブロックチェーンをリセットするため
に「rm *.pkl」を実行しておきましょう。

Anaconda Promptを開いて、「c:\blockchain」に移動したら「loop.cmd」を実行してください（ファイル名のみで大丈夫です）。

続いて、マイニングが進んでいる最中に、もう1つ Anaconda Prompt を開いて「c:\blockchain」に移動してから適当なタイミングで「python post_transaction.py」を10回実行してください（スクリプト中のIPアドレスは起動しているサーバのIPアドレスに書き替えてください）。

内容としては、「CさんからDさんへ5コイン送金する」ものにしましょう。

「loop.cmd」が終了したらウェブブラウザから、どのサーバでもよいのでアクセスして10ブロック毎に報酬が半減して、最後は報酬が「1」になっていることを確認しましょう。

また、「python show_accounts.py」で、アカウント残高を確認しましょう（スクリプト中のIPアドレスはサーバのIPアドレスに書き替えてください）。

以下のようになっているはずです。

```
{'a9768f6b6b025e9674c021a1e24745093ca1cb55bd6e43ecd5dc82ebe943cc
28e02537aff448948ce3e32551d884fa5f1b4cf17e70d20369c637399c05c3d
eb8': 5070, 'dff9b7868d1508581bf172c28db61b1267d86ca120bd83231d8
a559008b1555db6d63374a023eb0897d8018c69d4d1e4417a1f50ab0c4467243
e09daa29d0d03': 50}
```

今回の設定では、Cさんがマイニングによって得た報酬が、

```
256 x 10＋128 x 10＋64 x 10＋32 x 10＋16 x 10＋8 x 10＋4 x 10＋2 x 10＋1 x
20 ＝ 5120
```

となります。

CさんからDさんに5 x 10 = 50コイン送金しているので、このような結果になっています。

これで、報酬の自動調整も実装できました。

memo

第6章

. . . .

NFTを作って送ろう

　前章までで、通貨システムとしてのブロックチェーンは、ほぼ完成しました。せっかくブロックチェーンを作成したので、最近話題になっている「NFT（Non-Fungible Token）」も扱えるようにしましょう。

　この章では、まずNFTについて簡単におさらいしてから、NFTならではの問題に対処する実装を行い、さらに具体的なNFTの送受信についても、例を出しながら紹介していきます。最後に作成したスクリプトが、正しく動くかのテストを行います。

NFTとは

NFTとは、「**Non-Fungible Token**」の略です。簡単に言うと、「**他には無い、唯一無二のデータ**」ということになります。

ここまで、扱ってきたブロックチェーン上のコインには「**唯一性**」は、ありません。Aさんが持っている「1コイン」とBさんが持っている「1コイン」は、全く同じ価値で等価交換が可能です。しかし、NFTの場合は、Aさんがブロックチェーン上で持っているデータ、たとえば、「**トークン**」という4文字の文字列とBさんが持っている同じく4文字の文字列である「トークン」は、全くの別物として扱います。

結果としてAさんの持っている「トークン」には、100万円の価値があるが、Bさんの持っている「トークン」には、1円の価値も無い、ということがあり得ます。

それでは、ここから具体的にNFTを見ていきましょう。

6-1-1. 最も簡単なNFTの例

今の我々の作ったトランザクションには、「**任意のデータを入れる場所**」がありません。

まず、任意のデータを入れる場所を作りましょう。それでは、トランザクションの中で、「nft_data」というキーでデータを保存するようにします。

上記のようにしたとき、最も簡単なNFTのトランザクション例は、以下のようになります。

```
{
    "time": "2023-06-14T03:50:17.147329+00:00",
    "sender": "0b20967e45812fa099370ce891e5f7d65a3b8483edc1c8d23
d4e2496f227278e09115b724bfe9d24d64301fa66afc96aae909aa89a52922f3
7a5616fe763f8ac",
    "receiver": "a9768f6b6b025e9674c021a1e24745093ca1cb55bd6e43e
cd5dc82ebe943cc28e02537aff448948ce3e32551d884fa5f1b4cf17e70d2036
9c637399c05c3deb8",
    "amount": 0,
```

```
    "nft_data": "トークン",
    "signature": "307e01b141f1bd718f7580193c49f66b4017e3ccbba9d0
d218b225513040f9f1d97d1ac2d267973fc89bd24e55bc3a29905da25930c8d0
a1de18d9b4b6ac5ae5"
}
```

これは、AさんからCさんに「トークン」という文字列を送ったものです。

どうして、これがNFT、つまり「他には無い、唯一無二のデータ」になるのでしょうか？

ここで、思い出していただきたいのですが、「ブロックチェーン上では、トランザクションのリユースが許されていない」ことです。

加えて、電子署名の偽造は、不可能なので「AさんからCさんに"トークン"という文字列が送られた」という記録は、複製が不可能です。さらに、数値であるコインとは異なり、この"トークン"という文字列は、「合算したり引いたり」という処理もできません。

結果、このトランザクションは、NFTトランザクションとして扱われるということになります。

もし、送信者のAさんが、「有名人であり」、しかも、「有名な映画で"トークン"という決め台詞を言っていた」としたら、このNFTには、大きな価値があるかもしれません。加えて、送信日が、その映画の公開初日であれば、さらに価値が高くなるかもしれません。

しかし、単にトランザクションに「nft_data」というキーを用意して、そこにデータを入れただけでは、充分ではありません。なぜなら、上記のNFTをもらったCさんが他の人に、このNFTを譲りたくても譲る方法がありません（このあたりは、6-2で説明します）。

6-1-2.NFTにはオンとオフの2種類がある

先ほどのNFTの例では、ブロックチェーンの中にNFTのデータが保存されるという形式をとっていました。しかし、データが巨大な場合はブロックチェーンの中に保存するというやり方は、現実的ではありません。

この場合、ブロックチェーンの中には、外部の「NFTデータを保存している場所」のみをデータとして保存するという形式を選択します。そして、別途外部に

サーバを用意して、そこにデータを保存します。ブロックチェーン内に保存するものを「**オンチェーンNFT**」、ブロックチェーン外に保存するものを「**オフチェーンNFT**」と呼んだりします。

　我々のブロックチェーンでは、「オンチェーンNFT」を採用します。

　理由は、外部にわざわざサーバを用意しなければならないのが、「面倒であること」と、そのサーバに万が一のことがあったら、「NFTが消えてしまうかもしれない」ということなどがあります。

　イーサリアムなど、扱うデータの容量が増えるとコストも増えるシステムならオフチェーンも仕方ないと思います。しかし、ここまでオリジナルのブロックチェーンを作ったので、作ったブロックチェーンをフルに活用しましょう。

6-1-3.NFTの規格（ERC-721など）に準拠しなくても大丈夫？

　ここまで、読み進めてきて「NFTとして認められるためには、**ERC-721**などの規格に準拠していないと、ダメなのでは？」と、気付いた方もいると思いますが、そもそも、ERCとは、「**イーサリアムでトークンを扱う場合の規格**」です。

　我々のブロックチェーンは、イーサリアムではありません。よって、イーサリアムの規格に準拠していなくても、「正しく動けば、問題なし」ということになります。

　この「正しく動けば、問題なし」というのは、既にコインの部分で実装してきたように、

・偽造されない
・二重譲渡されない
・複数サーバによりデータが恒久的に維持される

ということが、NFTに対しても要求されます。

　次の節で、このあたりを実装していきましょう。

6-2

NFTの二重譲渡問題（コインとの違い）

4-1で説明をしましたが、**二重譲渡**を防ぐために、「トランザクション」に加えて「ブロックチェーン」という仕組みが必要でした。NFTの場合は、コインとは異なる特徴（データの唯一性）ゆえに、コインとは異なる二重譲渡の問題が生じます。

ここから、「コインとは異なる二重譲渡」の問題を説明しながら、その問題を解決するための実装を加えていきます。

6-2-1. 発行者による二重譲渡は防げない

最初に、コインと異なり「唯一無二のデータ」を発行するのは、人間です。コインのようにシステムが発行するわけではありません。

そうすると、発行者はデータを「いくらでも、複製できてしまう」ことになります。6-1-1で紹介したような、「AさんからCさんに"トークン"という文字列を送る」を考えてみましょう。

たとえば、「AさんからCさんに"トークン"という文字列を送る」の後に「AさんからBさんに"トークン"という文字列を送る」ということも、可能です。さらに、もう一度、「AさんからCさんに"トークン"という文字列を送る」というのも、発行時間が異なればできてしまいます。

ただし、この操作で損をするのは、このNFTを発行しているAさん本人です。なぜなら、大量に発行することにより、NFTの希少価値が下がるからです。

ですので、この部分は、NFTの発行者の「さじ加減ひとつ」ということになります。

6-2-2. 流通者による二重譲渡を防ぐための実装

ここまでの説明で、分かるように大事なのは、NFTの「**流通過程で二重譲渡を防ぐ仕組み**」を組み込むということです。最初に「NFTを譲渡できる仕組み」を組み込む必要があります。

それでは、実装していきましょう。

main.pyを以下のように変更してください（網掛け部分が変更箇所です）。

```
from fastapi import FastAPI
from pydantic import BaseModel
import uvicorn
import blockchain
from typing import List

class Transaction(BaseModel):
    time: str
    sender: str
    receiver: str
    amount: int
    nft_data: str
    nft_origin: str
    signature: str

class Block(BaseModel):
    time: str
    transactions: List[Transaction]
    hash: str
    nonce: int
```

●リスト6-1　main.py（一部抜粋）

「main.py」の内容について説明します。「nft_data」は、既に説明したように
NFTのデータ自体を保存するためのキーです。文字列として保存するので、画像
なども文字列に変換したものを保存します（具体例は、次節で説明します）。

「nft_origin」は、NFTを発行したトランザクションの「**ハッシュ値**」を保存する
ためのキーです。これらを、Transactionクラスに含めます。

次は、blockchain.pyを、以下のように変更してください（網掛け部分が変更箇
所です）。

```
（省略）

    def verify_transaction(self, transaction):
        if transaction["amount"] < 0:
            return False
```

```
            if transaction["amount"] != 0 and (transaction["nft_
data"] != "" or transaction["nft_origin"] != ""):
                return False
            if transaction["amount"] == 0 and ((transaction["nft_
data"] == "") == (transaction["nft_origin"] == "") or 10000 <
len(transaction["nft_data"])):
                return False
            public_key = VerifyingKey.from_string(binascii.unhexli
fy(transaction["sender"]), curve=SECP256k1)
            signature = binascii.unhexlify(transaction["signature"])
            unsigned_transaction = {
                "time": transaction["time"],
                "sender": transaction["sender"],
                "receiver": transaction["receiver"],
                "amount": transaction["amount"],
                "nft_data": transaction["nft_data"],
                "nft_origin": transaction["nft_origin"]
            }
            try:
                flg = public_key.verify(signature, json.
dumps(unsigned_transaction).encode('utf-8'))
                return flg
            except BadSignatureError:
                return False

（省略）

    def verify_chain(self, chain):
        all_block_transactions = []
        current_pow_difficulty = POW_DIFFICULTY_ORIGIN
        for i in range(len(chain["blocks"])):
            block = chain["blocks"][i]
            previous_block = chain["blocks"][i-1]
            if i == 0:
                if block != self.first_block:
```

```
                        return False
            else:
                if block["hash"] != self.hash(previous_block):
                    return False
                block_without_time = {
                    "transactions": block["transactions"],
                    "hash": block["hash"],
                    "nonce": block["nonce"]
                }
                current_pow_difficulty = self.get_pow_
difficulty(chain["blocks"][:i], current_pow_difficulty)
                if format(int(self.hash(block_without_
time),16),"0256b")[-current_pow_difficulty:] != '0'*current_pow_
difficulty:
                    return False
                reward_trans_flg = False
                for transaction in block["transactions"]:
                    if transaction["sender"] == "Blockchain":
                        if reward_trans_flg == False:
                            reward_trans_flg = True
                        else:
                            return False
                        if transaction["amount"] != self.
get_reward(i):
                            return False
                    else:
                        if self.verify_
transaction(transaction) == False:
                            return False
                        if transaction not in all_block_
transactions:
                            all_block_transactions.
append(transaction)
                        else:
                            return False
```

```
            if all_block_transactions != []:
                if min(self.account_calc(all_block_transactions).
values()) < 0:
                    return False
                if self.nft_calc(all_block_transactions) == False:
                    return False
        self.current_pow_difficulty = current_pow_difficulty
        return True


(省略)


    def create_new_block(self, miner):
        reward_transaction = {
            "time": datetime.now(timezone.utc).isoformat(),
            "sender": "Blockchain",
            "receiver": miner,
            "amount": self.get_reward(len(self.
chain["blocks"])),
            "nft_data": "",
            "nft_origin": "",
            "signature": "none"
        }
        transactions = self.transaction_pool["transactions"].
copy()
        transactions.append(reward_transaction)
        last_block = self.chain["blocks"][-1]
        hash = self.hash(last_block)
        block_without_time = {
            "transactions": transactions,
            "hash": hash,
            "nonce": 0
        }
        self.current_pow_difficulty = self.get_pow_
difficulty(self.chain["blocks"], self.current_pow_difficulty)
        while not format(int(self.hash(block_without_
```

```
time),16),"0256b")[-self.current_pow_difficulty:] == '0'*self.
current_pow_difficulty:
                block_without_time["nonce"] += 1
        block = {
                "time": datetime.now(timezone.utc).isoformat(),
                "transactions": block_without_time["transactions"],
                "hash": block_without_time["hash"],
                "nonce": block_without_time["nonce"]
        }
        self.chain["blocks"].append(block)


(省略)

    def get_reward(self, ix):
        reward = REWARD_AMOUNT_ORIGIN // 2**((ix-1) // REWARD_
CHANGE_BLOCK_NUM)
        if reward < 1:
            reward = 1
        return reward


    def nft_calc(self, transactions):
        nft_holder = {}
        useless_nft_flg = False
        transactions_copy = transactions.copy()
        for transaction in transactions_copy:
            if transaction["amount"] == 0:
                nft_hash = self.hash(transaction)
                if transaction["nft_origin"] == "" and
transaction["nft_data"] != "" and (nft_hash not in nft_holder):
                    nft_holder[nft_hash] =
transaction["receiver"]
                elif nft_holder.get(transaction["nft_origin"])
== transaction["sender"] and transaction["nft_data"] == "":
                    nft_holder[transaction["nft_origin"]] =
transaction["receiver"]
```

```
            else:
                transactions.remove(transaction)
                useless_nft_flg = True
        if useless_nft_flg:
            return False
        return nft_holder
```

● リスト6-2　blockchain.py（一部抜粋）

「blockchain.py」の内容について説明します。

まず、verify_transaction メソッド内の処理ですが、amount が「0」であれば、
「NFTトランザクション」、「0」でなければ、「送金もしくは報酬トランザクショ
ン」として扱っています。

その際、NFTトランザクションの場合は、先ほどmain.pyの中で定めた「**nft_
data**」キー、もしくは「**nft_origin**」キーのどちらかに、文字列が入っているこ
とをチェックしています（NFTを発行するトランザクションの場合は、「nft_
data」キーに値が入り、NFTを譲渡するトランザクションは「nft_origin」キーに
値が入ります）。

また、NFTのデータ長も、ここで制限をしています。とりあえず、10,000文字
を超えないように制限していますが、この値は皆さんが、それぞれのブロック
チェーンの用途に応じて変更してください。なお、「送金もしくは報酬トランザク
ション」の場合は、「nft_data」キーおよび「nft_origin」キーの値がどちらも、空（""）
になっていることをチェックしています。

次に、verify_chain メソッドの中からnft_calc メソッドを呼び出して、「ルール
に従っていないNFTトランザクション」がブロックチェーン内に入っていない
ことをチェックしています。

このnft_calc メソッドの中で、現在、「誰が各NFTを所有しているか」を保存す
る辞書型のnft_holder変数を作成しています。

ブロックチェーン内の全トランザクションを順番にチェックしていき、NFT
を発行したトランザクションの場合は、そのハッシュ値を求め、求めたハッシュ
値をキー、送信先アドレスを値としてnft_holder変数に保存しています。

また、NFTを譲渡するトランザクションの場合は、オリジナルのNFTを発行
したトランザクションのハッシュ値を、「nft_origin」キーに文字列として入れる

ことにします。そして、現在の所有者が、このNFT譲渡トランザクションを作成している場合のみ、nft_holder変数のNFT所有者が更新されます。

よって、nft_holder変数には、「NFTのオリジナルトランザクションのハッシュ値、そのNFTの現在の所有者がキーと値として保存されている」ことになります。

なお、送金トランザクションと同じく、不要なトランザクションは、ブロックチェーンに含めないので、正当なNFT譲渡トランザクション（現在のNFT所有者が作成したトランザクション）以外のNFT譲渡トランザクションがブロックチェーン内にある場合は、nft_calcメソッドはFalseを返します。

ちなみに、「transactions.remove(transaction)」の部分は、マイニングの際にnft_calcメソッドを使うので、不要なNFTトランザクションが新しいブロックに入らないように削除しています。

次はmining.pyです。以下のように、変更してください（網掛け部分が変更箇所です）。

```
    for transaction in transactions_copy:
        all_block_transactions_copy.append(transaction)
        if min(blockchain.account_calc(all_block_transactions_
copy).values()) < 0:
            transactions.remove(transaction)
            all_block_transactions_copy.remove(transaction)

    blockchain.nft_calc(all_block_transactions_copy)
    transactions = all_block_transactions_copy[len(blockchain.
all_block_transactions):]

    blockchain.transaction_pool["transactions"] = transactions

    blockchain.create_new_block(miner)

    with concurrent.futures.ThreadPoolExecutor() as executor:
```

```
        future_to_node = {executor.submit(requests.post,
"http://"+node+":8000/chain", json.dumps(blockchain.chain)):
node for node in node_list.Node_List}
        for future in concurrent.futures.as_completed(future_
to_node):
            node = future_to_node[future]
            try:
                print(node + " : " + future.result().text)
            except Exception as exc:
                print("%s generated an exception: %s" % (node,
exc))
    print("self.current_pow_difficulty = " + str(blockchain.
current_pow_difficulty))
```

●リスト6-3　mining.py（一部抜粋）

　先ほど説明をしたnft_calcメソッドを呼び出して、トランザクションプールに
あったトランザクションから削除されたものを除いてから、新しいブロックをマ
イニングするようにしています。

　ここで、post_transaction.pyを作り直しましょう。以下のように、全体を変更
してください。

```
import requests
import pandas as pd
from datetime import datetime, timezone
from ecdsa import SigningKey, SECP256k1
import binascii
import json
import node_list
import base64

def send_transaction(secret_key_sender_str, public_key_
receiver_str, coin_num, nft_data, nft_origin):
    secret_key_sender = SigningKey.from_string(binascii.
unhexlify(secret_key_sender_str), curve=SECP256k1)
```

NFTの二重譲渡問題（コインとの違い）　6-2　153

6
NFTを作って送ろう

```
    public_key_sender = secret_key_sender.verifying_key

    public_key_sender_str = public_key_sender.to_string().hex()

    time_now = datetime.now(timezone.utc).isoformat()

    unsigned_transaction = { "time": time_now, "sender":
public_key_sender_str, "receiver": public_key_receiver_str,
"amount": coin_num, "nft_data": nft_data, "nft_origin": nft_
origin }

    signature = secret_key_sender.sign(json.dumps(unsigned_
transaction).encode('utf-8'))

    transaction = { "time": time_now, "sender": public_key_
sender_str, "receiver": public_key_receiver_str, "amount":
coin_num, "nft_data": nft_data, "nft_origin": nft_origin,
"signature": signature.hex()}


    res = requests.post("http://" + node_list.Node_List[0] +
":8000/transaction_pool", json.dumps(transaction))

    print(res.text)


if __name__ == "__main__":

    coin_num = 0

    secret_key_sender_strA = "76f0446638f57dc78fe154f452b9a14d7
3b2a55d729311ec8cf482883027b05d"#Aさん

    public_key_receiver_strC = "a9768f6b6b025e9674c021a1e247450
93ca1cb55bd6e43ecd5dc82ebe943cc28e02537aff448948ce3e32551d884fa5
f1b4cf17e70d20369c637399c05c3deb8"#Cさん


    send_transaction(secret_key_sender_strA, public_key_
receiver_strC, coin_num, "NFT_A", "")
```

●リスト6-4　post_transaction.py

　コインに加えてNFTも送信できるようにしました。また、処理をsend_transaction
メソッドにまとめたことにより、連続でトランザクションを送信することも可能
となりました。6-4では、このスクリプトを使って、各種のテストを行います。
　最後に、4-3-2で作成したshow_accounts.pyと同じような機能を持つスクリプ

トを作成しましょう。

それでは、誰が、どのNFTを持っているかを表示する「show_nft.py」を、以下の内容で「c:\blockchain」に作成してください。

```
import blockchain
import requests
import json
import node_list

blockchain = blockchain.BlockChain()
blockchain.chain = requests.get("http://" + node_list.Node_
List[0] + ":8000/chain").json()
blockchain.set_all_block_transactions()
for nft_hash, holder in blockchain.nft_calc(blockchain.all_
block_transactions).items():
    print("\nNFT hash = " + nft_hash)
    print("Holder = " + holder)
    for transaction in blockchain.all_block_transactions:
        if blockchain.hash(transaction) == nft_hash:
            print("original transaction = ")
            print(transaction)
            break
```

●リスト6-5　show_nft.py

特に説明は不要かもしれませんが、実行をするとnode_listの先頭にあるサーバからブロックチェーンをダウンロードして、nft_calcメソッドを走らせてオリジナルのNFTトランザクションのハッシュ値と、その所有者（公開鍵アドレス）を取得します。そして、for文で順番に、前記の内容を表示すると共にオリジナルのNFTトランザクションも表示するようにしています。

ここまでで、「NFTを流通する仕組みの実装」ができました。

実際に動かしてテストする前に、次の節でNFTの具体例について説明します。

6-3

NFTの具体例

　前節までで、NFTをブロックチェーンに載せる仕組みは整いました。ここでは、具体的に「**NFTをどのようにしてブロックチェーンに載せられる**」のかを説明していきます。画像、音楽、ゲーム内アイテムの順で説明します。

　説明の前に、NFTの性質について簡単に説明しておきます。ここから、NFTの具体例を説明していきますが、「ブロックチェーン上に載っているNFTは、誰でも、その内容をコピーできる」とすると、「誰でも、コピーができるならブロックチェーン上での管理は無意味なのでは？」と思うかもしれません。

　しかし、6-1-1で少し説明したように「データそのもの」というより、「○○さんから、このデータを送ってもらった」という事実が価値を持つのがNFTです。

　たとえば、画像をウェブブラウザから見られるようにウェブサイト上に載せたとしたら、これは誰でもコピーできてしまうデータになります。その場合、そのウェブサイトの管理人が、「この画像をCさんに譲渡しました」という情報を載せることができるのが、ブロックチェーンということになります。

　Cさんは、第三者に対して「この画像は、あのウェブサイトの管理人から譲渡してもらったものだ」と主張することができます。これが、NFTの価値ということになります。

　続いて、「**譲渡**」の意味合いについても考えてみましょう。譲渡をしてもらった側は、そのNFTの所有権を獲得できるのでしょうか？

　少なくとも日本の法律では、**所有権**は「有体物（固体・液体・気体）にしか与えられない」ので、NFTに所有権は認められません。

　それでは、**著作権**はどうでしょうか？

　これも、送信者が他人の作成した画像（つまり、送信者が著作権を有していない画像）を勝手にコピーしてきたものを「譲渡します」と言っている場合もあるので、認められません。

　つまり、NFTの譲渡では、「所有権も著作権も獲得できない」という、ことになります（著作権については、別途契約を結べば譲渡可能ですが、それはNFTとは別の話です）。

こう考えると、「なんで、世の中のNFTにあんな高い値段が付くのか理解できない」と思うと思います。これは、世の中の流れが、「モノよりコト」に重きを置く方向に移っているので、それを反映しているのかもしれません。

6-3-1. 自分で作成したドット絵や写真をNFTとして発行する

イーサリアムなどのブロックチェーンの場合、NFTのデータ量が増えるほどお金がかかるので、通常は、オンチェーンでNFTを扱う場合は、「**ドット絵**」など、非常に容量の小さなデータのみが対象となります。

たとえば、下記の「32ドット×32ドット」のヘリコプターのドット絵は、297バイトしかないので負担は大きくないはずです。

▲図6-1 「ピクセルガロー」よりコピー

(https://hpgpixer.jp/image_icons/vehicle/icon_airplane.html)

このドット絵を例としてNFTトランザクションを送信してみてもよいのですが、我々のブロックチェーンでは、10kB弱のデータであれば、扱えるようにしているので（先ほどのblockchain.pyの中をエディットすれば、多くも少なくもできますが）、もっと大きな画像を扱ってみましょう。

ここでは、例として下記の画像を扱います。

▲図6-2

我が社の名誉専務のレルダ君です。

画像サイズは、小さめ（100×140ドット）にしています。容量は7,368バイトです。皆さんも、これぐらいのサイズの適当な画像を用意してください。

　先ほど作成したpost_transaction.pyでは、文字列"NFT_A"をNFTとして送信していましたが、この画像を送信するためには、画像を文字列に変換する必要があります。

　そこで、send_transactionのところを、以下のように変更してください。なお、画像ファイル名は、適宜変更してください。

```
with open("./lerda.jpg", "rb") as f:
    img = f.read()
    NFT = base64.b64encode(img).decode('utf-8')

send_transaction(secret_key_sender_strA, public_key_
receiver_strC, coin_num, NFT, "")
```

●リスト6-6　post_transaction.py（一部抜粋）

　ここで、画像ファイルを読み込んだら、続いて「base64.b64encode(img).decode('utf-8')」で、文字列に変換しています。この文字列をNFTとして送信しています。

　これで、post_transaction.pyを実行するとトランザクションプール内に下記のようなトランザクションが入ります。

■画面6-1

　ここの、「nft_data」キーの値として置かれている文字列が画像を文字列に変換したものです。さすがに、けっこうな長さになります（9824文字）。

ちなみに、このトランザクション中の文字列を画像に直してファイルに保存する場合は、以下のスクリプトを書けば大丈夫です。

```
import base64

NFT = "(ここにnft_dataの中身の文字列をコピー&ペーストする)"
with open("./sample.jpg", "wb") as f:
    f.write(base64.b64decode(NFT))
```

●リスト6-7　nft2file.py

　NFTの文字列は、ウェブブラウザからコピーできます。また、前述のshow_nft.pyを実行したときに表示されるトランザクションからコピーしても大丈夫です。

6-3-2. 自分で作曲した音楽をNFTとして発行する

　次は、音楽を送信するケースについて説明します。

　普通にサウンドを送信しようとすると、今の容量だと数秒程度のサウンドしか送信できません。

　そこで、「mp3」などのサウンドファイルではなく、「MIDIファイル」で送ることをお勧めします。

　MIDIファイルですと、たとえば、以下のサイトからダウンロードできる「ワーグナーの結婚行進曲」は、演奏時間43秒の長さにもかかわらず、容量は3kb弱です。なのでブロックチェーンに載せることができます。

http://park15.wakwak.com/~printemps/ouvrages.html

　MIDIファイルをエディットする場合は、以下の「Domino」など色々なフリーソフトがあるので試してみてください。単に演奏するだけならWindowsのメディアプレーヤーで再生ができます。

https://takabosoft.com/domino

　トランザクションの送信方法は6-3-1で説明した画像と同じ（読み込むファイル名を変えればOK）ですので説明は省きます。

6-3-3. ゲーム内のアイテムをNFTとして流通させる

　最後は、「ゲーム内のアイテムをNFTとして送信する方法」について説明します。ここでは、あなたがゲームの開発者だと想定します。どのようにすれば、ゲームプレイヤーにゲーム内のアイテムをNFTとして発行できるでしょうか？

　アイテムの画像やパラメータを全部文字列化してもよいのですが、3Dゲームなどの場合はデータ量が膨大になってしまいます。もし、「アイテム名によってパラメータも全て一意に決まる」のであれば、アイテム名を文字列で送れば大丈夫です。

　たとえば、ロールプレイングゲーム内の剣に「スライムバスター改」というものがあったとしたら、この名称を文字列として「nft_data」に入れれば、アイテムを発行したことになります。そして、「このゲームのNFT発行アドレスはXXXXXです」というように、公開鍵を皆が見られる形でオープンにしておきます。こうすることによって、ブロックチェーンをチェックすれば、正当な発行者が発行したゲームアイテムであることが確認できるようになります。

　発行されたNFTは当然ですが、「人から人へと譲渡されていく」ことになります。それでは、譲渡された先で、「アイテムを実際にゲーム内で使う場合」は、どのような手続きを踏めばよいでしょうか？

　ゲーム内に「NFTをインポートする」というようなメニューを用意して、アイテム名とオリジナルのNFTのハッシュ値を選択してもらいます（同じ名前のアイテムが複数ある場合）。さらに、ランダムな文字列（たとえば、"ASDF"）へ電子署名をしたものを入力してもらいます（リスト2-3参照）。

　アイテムの所有者は、ブロックチェーン上の公開鍵アドレスで確認できます。入力された電子署名が正当なものであれば、ゲームに現在ログインしている人が正当な所有者と確認できるので、ゲーム内で当該アイテムを使えるようにします。

　ただし、このやり方では、ゲームプレイヤーに電子署名のためのスクリプトを実行してもらう面倒が発生しますが、秘密鍵を入力してもらうのはセキュリティ上難しいでしょうからしょうがありません。

　前述の画像や音楽と異なり、この「ゲーム内のアイテム」に関しては「**譲渡**」の意味が明確にあるのでNFTとして分かりやすいのではないでしょうか。

様々なテストしよう

　それでは、少し複雑なテストをしてNFTの送受信がちゃんとできるか確認しましょう。予め5-1-3を参照してサーバを全部起動しておいてください。また、blockchain.pyとmain.pyおよび必要に応じて（EC2インスタンスのIPアドレスが変更された場合）node_list.pyをサーバにアップロードしてください。ウェブサーバを起動（python3 main.pyを実行）する前に、ブロックチェーンをリセットするために「rm *.pkl」を実行しておきましょう。

　以下の操作を行ってみてください。

①Aさんが新たなNFT（NFT_A）を発行してCさんへ送信
②Cさんが新たなNFT（NFT_C）を発行してDさんへ送信
③Cさんがマイニング
④DさんからAさんへNFT_Aを送信
⑤CさんからDさんへNFT_Aを送信
⑥DさんからAさんへNFT_Cを送信
⑦AさんからCさんへNFT_Cを送信
⑧Cさんがマイニング
⑨CさんからAさんへNFT_Cを送信
⑩CさんからBさんへNFT_Cを送信
⑪Cさんがマイニング
⑫AさんからCさんへNFT_Cを送信
⑬Cさんがマイニング
⑭AさんからBさんへNFT_Aを送信
⑮Cさんがマイニング

　トランザクション④と⑤では、譲渡の順番の問題（⑥と⑦は問題なし）、トランザクション⑨と⑩では二重譲渡の問題が発生しています。

　送金には「post_transaction.py」、マイニングには「mining.py」を使用します。

　毎回、毎回、各人の秘密鍵と公開鍵をコピペするのは面倒くさいので予め「post_transaction.py」には、

```
secret_key_sender_strA = "76f0446638f57dc78fe154f452b9a14d73b2a
55d729311ec8cf482883027b05d"#Aさん
```

```
secret_key_sender_strC = "7c5317ec54481d9922ea4e3d6be797db678ca
282d84031b006fa7b850c238951"#Cさん
secret_key_sender_strD = "1f8671fd5e5b687a8ce20584f9b5282d8e002
15877e71398f507925d955b4665"#Dさん
public_key_receiver_strA = "0b20967e45812fa099370ce891e5f7d65a3
b8483edc1c8d23d4e2496f227278e09115b724bfe9d24d64301fa66afc96aae9
09aa89a52922f37a5616fe763f8ac"#Aさん
public_key_receiver_strB = "f37996d4748fd4ccd58bb00fe73a3636ea1
c6600a25a4a1bb22627b01d274d7ce1d717c7e9b79394c8a260e2337f1d8eac7
8b66f94bbdebddd5804fb8e0369b1"#Bさん
public_key_receiver_strC = "a9768f6b6b025e9674c021a1e24745093ca
1cb55bd6e43ecd5dc82ebe943cc28e02537aff448948ce3e32551d884fa5f1b4
cf17e70d20369c637399c05c3deb8"#Cさん
public_key_receiver_strD = "dff9b7868d1508581bf172c28db61b1267d
86ca120bd83231d8a559008b1555db6d63374a023eb0897d8018c69d4d1e4417
a1f50ab0c4467243e09daa29d0d03"#Dさん
```

のように秘密鍵と公開鍵を貼り付けておきましょう。

　あくまでも、これは一例なので、皆さんそれぞれがリスト2-3のsignature.py
を実行して内容を自由に置き換えていただいてけっこうです。
　NFTを送信するにはsend_transactionメソッドを使用します。たとえば、Aさ
んがNFT_Aを新たに発行してCさんへ送信する場合は、以下のようになります
（NFT_Aの内容は簡単のため単なる文字列"NFT_A"にしています）。
　coin_numには0を入れておいてください。

```
send_transaction(secret_key_sender_strA, public_key_receiver_
strC, coin_num, "NFT_A", "")
```

　一方、受け取ったNFTを他の人に譲渡する場合はオリジナルのNFTのハッ
シュ値が必要になりますが、これは「show_nft.py」を実行すれば、確認できます。
たとえば、CさんがNFT_AをDさんに譲渡する場合は以下のようになります。

```
send_transaction(secret_key_sender_strC, public_key_receiver_
strD, coin_num, "", "5701fa5290d322df8c8f89ce550f7da29698de6b72d
beae8a916fae68e3a0fd5")
```

　ハッシュ値は、あくまでも例なので、必ず「show_nft.py」を実行して、確認をし
たものを使用してください。coin_numが「0」でなかったり、nft_dataが空 ("") で
なかったとしても、正しく譲渡ができないので注意してください。
　送金とマイニングを、実行しつつ、各段階で「show_nft.py」を動かしてNFTの
所有者を確認しましょう。各人の所有するNFTが以下のようになっていること
を確認しましょう。

　③の後の採掘ブロック数1のとき（新たにブロックに加わるNFTトランザク
　ションは①と②）：
　Aさん所持無し、Bさん所持無し、CさんNFT_Aを所持、DさんNFT_Cを
　所持

⇩

　⑧の後の採掘ブロック数2のとき（新たにブロックに加わるNFTトランザク
　ションは⑤と⑥と⑦）：
　Aさん所持無し、Bさん所持無し、CさんNFT_Cを所持、DさんNFT_Aを
　所持

⇩

　⑪の後の採掘ブロック数3のとき（新たにブロックに加わるNFTトランザク
　ションは④と⑨）：
　AさんNFT_AとNFT_Cを所持、Bさん所持無し、Cさん所持無し、Dさん
　所持無し

⇩

　⑬の後の採掘ブロック数4のとき（新たにブロックに加わるNFTトランザク
　ションは⑫）：
　AさんNFT_Aを所持、Bさん所持無し、CさんNFT_Cを所持、Dさん所持
　無し

⇩

　⑮の後の採掘ブロック数4のとき（新たにブロックに加わるNFTトランザク
　ションは⑩と⑭）：

Aさん所持無し、BさんNFT_AとNFT_Cを所持、Cさん所持無し、Dさん所持無し

　トランザクションが、「トランザクションプールに入る順番によって譲渡の結果が変わったり」、「二重譲渡ができなくなっている」ことが確認できましたか？

　さて、NFTは上記のように発行および譲渡ができますが、発行や譲渡に対する対価の支払いはどのように行えばいいでしょうか？

　ピザの場合は、送金をブロックチェーン上で確認してもらってからピザを配達すればOKでした。もし、送金しているにもかかわらずピザが配達されなければ、電話するなり、直接お店に行くなりしてクレームを伝えれば何とかなりそうです。ところが、NFTの場合は、店舗も電話番号も分からないだけでなく、氏名や住所も分からないでしょう。そうなると、「送金したけどNFTが送られてこない」ということがあり得ます。

　これを解決する手段が「**エスクロー**」です。「サトシ ナカモトの論文」でも触れられていますが、「信頼の置ける第三者を経由してコインとNFTを交換する」仕組みです。「信頼の置ける第三者」とは、ピザ屋さんのように現実世界でコンタクトが可能である必要があります。

　エスクローの利用は次のようになります。まず、エスクロー業者が自社の公開鍵アドレスをオープンにします。

　次に、NFTの発行者と、それを購入するNFT譲受人がエスクロー業者に対して「Aさんが発行するNFT_AをBさんが100コインで購入します」というように、具体的な内容を伝えます（メールや電話など手段は問いません）。

　そして、エスクロー業者からOKが出たら、この例の場合、Aさんはエスクロー業者にNFT_Aを送信し、Bさんはエスクロー業者に100コイン（業者への手数料がある場合はそれも加えて）送信します。

　エスクロー業者は、ブロックチェーンを確認したうえで、AさんとBさんにNFT_Aの内容や送金金額に問題がないか確認します。両者からOKが出たら、エスクロー業者は、NFT_AをBさんに送信して100コインをAさんに送信します。

　いかがでしょうか？

　エスクローはウィキペディアによると「1947年にアメリカ合衆国カリフォルニ

ア州にて不動産取引の決済保全制度として発祥」したそうで、このような古い制度が最新のNFTの取引でも役に立つというのは面白いです。

　さて、エスクローを使いたくない場合は、NFTの発行者または譲受人の内、先にトランザクションを受け取る方が相手に身分証明書などを提示して不正が起こらないように、担保する必要がありますが、有名人であればSNS上でNFTの販売告知（いつまでに何コインをどの公開鍵アドレスに送るかなどを伝える）すれば、それで事足りるかもしれません。

　コインを送信したにもかかわらずNFTが送られていないということになれば、その事実をブロックチェーン上で確認できるので、放っておけば炎上してしまうでしょう。それが、不正防止の担保になると考えられます。

memo

第7章

....

より本格的なブロック
チェーンのために

　前章までで、本書におけるブロックチェーンシステムの
スクリプトの実装は一応完了です。この章ではブロック
チェーンを実際に運用するときのTipsや注意すべき点を説
明していきます。

7-1

継続的なサーバ運用に向けて

　ここまで、サーバを起動する際は毎回コマンドプロンプトからログインして
「python3 main.py」を実行してウェブサーバを起動していました。しかし、この
方法だとローカルのPCでコマンドプロンプトをずっと開いておかなければなら
ず、また、何らかの問題が発生してコマンドプロンプトが閉じてしまうとサーバ
が落ちてしまいます。不便＆不安定ですね。この節ではローカルからいちいち起
動しなくてもEC2インスタンスが起動したら自動でウェブサーバが起動する仕
組みを導入します。また、起動するたびにIPアドレスが変わると面倒なので有料
とはなりますがIPアドレスを固定するためにElasticIPも導入します。

7-1-1. 自動起動の設定

　Linux用のシステム・サービスマネージャである**systemd**を使ってウェブ
サーバを自動で起動するように設定していきます。まず、サーバにログイン後、
以下のコマンドを実行してサービスファイル（blockchain.service）を作成します。

```
sudo nano /etc/systemd/system/blockchain.service
```

nanoエディターが開くので以下の内容を書き込んでください。

```
[Unit]
Description=exec by systemd
After=network.target


[Service]
Restart=always
Type=simple
WorkingDirectory=/home/ec2-user
ExecStart=/usr/bin/python3 /home/ec2-user/main.py


[Install]
```

```
WantedBy=multi-user.target
```

● リスト7-1　blockchain.service

　書き込み終わったら [Ctrl] + [X] キーでnanoを終了してください。その際、
「Save modified buffer?」と聞かれるので、ファイルを保存するためにyキーを押
してから [Enter] キーを押してください。このblockchain.serviceファイルで自動
起動する対象などを設定しています。
　次に、ルートユーザでも main.py が起動できるように必要なライブラリを以下
のコマンドでインストールしてください。

```
sudo pip3 install fastapi uvicorn requests ecdsa pandas
```

```
sudo python3 -m pip install urllib3==1.26.6
```

　あとは、以下のコマンドを実行して上記のblockchainサービスを有効化してお
けば今後はEC2インスタンス起動時に自動実行されるはずです。

```
sudo systemctl enable blockchain
```

　試しに、以下のコマンドを実行してサーバを再起動しましょう。この再起動で
はIPアドレスが変わることはないので安心してください。

```
sudo reboot
```

　再起動するといったんコマンドプロンプト上で強制的にログアウトされるので
しばらく待ってから再びログインして以下のコマンドを実行してください。

```
sudo systemctl status -l blockchain
```

　これは上記で設定したblockchainサービスの状態を見るためのコマンドです。
以下のようなログが表示されればmain.pyはちゃんと起動しています。

```
●blockchain.service - exec by systemd
   Loaded: loaded (/etc/systemd/system/blockchain.service;
enabled; vendor preset: disabled)
   Active: active (running) since Mon 2023-07-03 03:20:59 UTC;
11s ago
 Main PID: 2953 (python3)
   CGroup: /system.slice/blockchain.service
           └─2953 /usr/bin/python3 /home/ec2-user/main.py

Jul 03 03:20:59 ip-172-31-28-156.ap-northeast-1.compute.internal
systemd[1]: Started exec by systemd
Jul 03 03:21:01 ip-172-31-28-156.ap-northeast-1.compute.internal
python3[2953]: INFO:     Started server process [2953]
Jul 03 03:21:01 ip-172-31-28-156.ap-northeast-1.compute.internal
python3[2953]: INFO:     Waiting for application startup.
Jul 03 03:21:01 ip-172-31-28-156.ap-northeast-1.compute.internal
python3[2953]: INFO:     Application startup complete.
Jul 03 03:21:01 ip-172-31-28-156.ap-northeast-1.compute.internal
python3[2953]: INFO:     Uvicorn running on http://0.0.0.0:8000
(Press CTRL+C to quit)
```

　なお、このコマンドでは、ログの一部しか見られないので、起動以降のログを
全て見たい場合は、以下のコマンドを実行しましょう。[q] キーを押すと表示が
終了します。

```
journalctl -b -u blockchain
```

　ここまでの設定を全てのEC2インスタンス上（ｂ ｃ 1、ｂ ｃ 2、ｂ ｃ 3）で実施し
ておきましょう。

　これで、いちいちコマンドプロンプトを開いてsshでログインして「python3
main.py」を実行してウェブサーバを起動しなくても、よくなりました。スクリプ
トの開発中は、直接スクリプトの実行状況を把握できる方がよいのですが、開発
が完了しているのであれば、自動起動を使っていきましょう。

7-1-2.ElasticIPの導入

次はEC2インスタンスのIPアドレスの固定化です。

以下のページ「**Elastic IP アドレスを割り当てる**」を参考にして各サーバの
IPアドレスを固定します。

https://docs.aws.amazon.com/ja_jp/AWSEC2/latest/UserGuide/elastic-ip-addresses-eip.html

こちらのページには料金についての説明も書いてありますので目を通しておく
ことをお勧めします。ElasticIPを使用するとサーバを起動していない間のみ料金
がかかりますが、サーバをずっと起動しているよりはお安くなるという上手な料
金設定をしています。

上記のページはちょっと分かりづらいところもありますので、以下、画像を使
いながら説明していきます。まず、書かれてある通り以下のアドレス（Amazon
EC2 コンソール）にアクセスします。

https://console.aws.amazon.com/ec2/

次に、左側のナビゲーションペインの「ElasticIP」をクリックします。

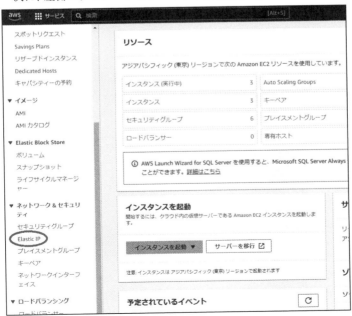

■画面7-1

次に表示される画面で、右上の［ElasticIPアドレスを割り当てる］ボタンをクリックします。

■画面7-2

次に表示される画面で「AmazonのIP v 4アドレスプール」が選択されていることを確認したうえ、右下の［割り当て］ボタンをクリックします。

■画面7-3

これで割り当てられたIPアドレスが表示されるはずです（以下の画像ではモザイクをかけています）。

■画面7-4

次に、この割り当てられたIPアドレスをEC2インスタンスに関連付けます。右上の［アクション］ボタンをクリックすると、ドロップダウンリストが表示されます。表示された中から「ElasticIPアドレスの関連付け」を選択します。

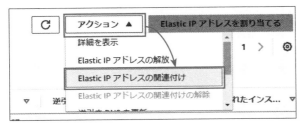

■画面7-5

　次に表示される画面で割り当てる対象のEC2インスタンスを選びます。とりあえず、bc1を選択しましょう。

■画面7-6

　右下にある［関連付ける］ボタンをクリックしたら、EC2インスタンスに固定IPアドレスが関連付けられます。

これ（ElasticIPアドレスの割り当てと、インスタンスへの関連付け）を、あと2回繰り返してbc2とbc3にも固定IPアドレスを関連付けます。

　「Amazon EC2 コンソール」の左側のナビゲーションペインから「インスタンス」をクリックすると各EC2インスタンスに割り当てられたIPアドレスを確認できます。この割り当てられたIPアドレスを「node_list.py」に書き込んでサーバにアップロードしておきましょう。

　これで、今後は常に同じIPアドレスで各サーバにアクセスできるようになりました。

7-2

サーバのアップグレード

　ここまでで、開発したブロックチェーンを実際に運用していくにあたり、「どれくらいのトランザクション数まで、現実的に対応可能か」を掴んでおいた方が安心です。また、サーバの能力が足りないときに、どのようにアップグレードして能力を高めるかについても説明していきます。

7-2-1.現状把握

　まずは、現状把握をしましょう。100人分の公開鍵を用意し、それぞれが、10回ずつトランザクションを送信した場合（ブロックは10トランザクション毎にマイニングで作成）、つまり、1,000トランザクションのブロックチェーンをサーバに作成しましょう。

　これを皆さんにやってもらうのは、面倒だろうし、結果だけ分かればよいと思うので、こちらでやった結果をお伝えします。

　今使用している「t2.micro」インスタンスだと、1,000トランザクション分のブロックチェーンをマイナーから受信してからサーバがレスポンスを返すまで、4秒程度かかります。そして、この時間のほとんどは「verify_chain」メソッドによって使われています。さらに掘り下げると、その中から呼ばれている「verify_transaction」メソッドでほとんどの時間が使われていることが分かります。

　ちなみに、ブロックの長さによる処理時間の変化はあまりありません。10ブロックで1,000トランザクションのブロックチェーンと100ブロックで1,000トランザクションのブロックチェーンでは「verify_chain」メソッドに要する時間はほとんど変わりません。

　さて、1,000トランザクションで4秒かかるのは問題でしょうか。これは、ほぼ線形的に増えるので10,000トランザクションだと約40秒かかります。平均10分毎にマイニングが行われて新しいブロックチェーンがサーバに送られてくることを考えると10,000トランザクションでも大丈夫な気もします。しかし、実は「t2.micro」インスタンスは常に100%のCPUパワーが出せるわけではありません。
https://docs.aws.amazon.com/ja_jp/AWSEC2/latest/UserGuide/burstable-credits-baseline-concepts.html

詳細は上記のアマゾンの公式ページを参照していただきたいのですが、「t2.micro」インスタンスの場合、通常のCPUパワーは10%しか出せません。これを100%にするには、「**CPUクレジット**」を消費する必要があります。1CPUクレジットで、「1つのvCPUを1分間だけ100%にバースト」できます。ちなみに、**vCPU**というのは、仮想的なCPUコアのことです。「**仮想的**」になるのは、EC2インスタンスでは、大勢のユーザで1つの物理的なハードウェアをシェアして使用しているためです。

　「t2.micro」インスタンスは、vCPUを1個しか持っていないので、40秒間vCPUを100%までバーストすると0.67のCPUクレジットを消費します。そして、このCPUクレジットは、10分毎に1増えるようになっています。ということは、もしブロックチェーンの受信が10分間に2回になってしまうとCPUクレジットの貯蓄より消費の方が増えるので、いずれバーストできなくなり、10%のCPUパワーしか出せなくなってしまいます。

　そうなると、処理に400秒かかることになり、もし、400秒以下の短い間隔でブロックチェーンが送られてくるとシステムが処理しきれなくなります。

　このように考えると、今のままでは、10,000トランザクションは、厳しい、と言えるでしょう。

　そこで、サーバをアップグレードして対処しましょう。

7-2-2.CPUの高速化

　「サーバを高速化する手段、その1」は、CPU自体の高速化になります。

　また、t2.microが属するバーストが前提のインスタンスを使用するのをやめます。EC2のインスタンスタイプの命名規則は、以下のページに詳しく書かれています（t2.microのtはターボを意味するようです）。

https://docs.aws.amazon.com/ja_jp/AWSEC2/latest/UserGuide/instance-types.html#instance-type-names

　ここでは、コンピューティングに適していると言われているインスタンスファミリー「C」シリーズを使ってみましょう。

　5-1-1および5-1-3を参照しながら、「c6a.large」を起動してみましょう。

■画面7-7　c6a.largeの情報

　これも面倒でしょうから、こちらで実際に動かしてみた結果のみお伝えします。

　前述の1,000トランザクション分のブロックチェーンを受信してからサーバがレスポンスを返すまでの時間は、約2秒でした。これは、「t2.micro」の倍の速度です。しかし、お値段は、約6倍なのであまりお得感はありません。バーストをするタイプと異なり、常にCPUパワーが100%使える分、コストがかかるのでしょう。

　一応、これで10,000トランザクションでも、常に20秒でレスポンスを返せるようになりました。ただし、さらにトランザクションが増えたときに2倍程度の改善だけでは少々不安です。そこで、次にマルチプロセスによる高速化について説明します。

7-2-3. マルチプロセス化

　EC2インスタンスのラインナップを見るとCPU自体の速度は、それほど速くできないことが分かります。そこで、「複数のCPUを使ってマルチプロセス処理による高速化」を図ります。

　ちなみに、今までスクリプト中で使ってきたマルチスレッドは、「基本的に1つのCPU内で複数の仕事を切り替えながら処理する」というものですが、マルチプロセスは、「複数のCPUを使って複数の仕事を並列に処理する」というものになります。

　待ち時間が発生するもの（たとえばHTTPのレスポンス待ち）の場合はマルチスレッドで高速化が図れますが、今回のように待ち時間がない場合にはマルチプロセスにしないと高速化は実現できません。

　マルチプロセス処理を実現するためには、EC2インスタンスでvCPUが多数載っているものを選ぶだけではなく、スクリプトの方もマルチプロセス処理に対

応させる必要があります。

以下のように「blockchain.py」を変更してください（網掛け部分が変更箇所です）。

なお、引き続き「t2.micro」を使用する予定で、マルチプロセス処理が不要の方はスクリプトの変更は不要です。

```python
from ecdsa import VerifyingKey, BadSignatureError, SECP256k1
import binascii
import json
import pandas as pd
import os
import hashlib
from datetime import datetime, timezone
import node_list
import requests
from concurrent.futures import ThreadPoolExecutor
import multiprocessing
multiprocessing.set_start_method('spawn', force=True)


POW_DIFFICULTY_ORIGIN = 18
POW_CHANGE_BLOCK_NUM = 10
POW_TARGET_SEC = 10
REWARD_AMOUNT_ORIGIN = 256
REWARD_CHANGE_BLOCK_NUM = 10
TRANSACTION_FILE = "./transaction_data.pkl"
BLOCKCHAIN_FILE = "./chain_data.pkl"


（省略）


    def verify_chain(self, chain):
        all_block_transactions = []
        for_verify_transaction = []
        current_pow_difficulty = POW_DIFFICULTY_ORIGIN
        for i in range(len(chain["blocks"])):
            block = chain["blocks"][i]
```

```
                    previous_block = chain["blocks"][i-1]
                    if i == 0:
                        if block != self.first_block:
                            return False
                    else:
                        if block["hash"] != self.hash(previous_block):
                            return False
                        block_without_time = {
                            "transactions": block["transactions"],
                            "hash": block["hash"],
                            "nonce": block["nonce"]
                        }
                        current_pow_difficulty = self.get_pow_
difficulty(chain["blocks"][:i], current_pow_difficulty)
                        if format(int(self.hash(block_without_
time),16),"0256b")[-current_pow_difficulty:] != '0'*current_pow_
difficulty:
                            return False
                        reward_trans_flg = False
                        for transaction in block["transactions"]:
                            if transaction["sender"] == "Blockchain":
                                if reward_trans_flg == False:
                                    reward_trans_flg = True
                                else:
                                    return False
                                if transaction["amount"] != self.
get_reward(i):
                                    return False
                            else:
                                for_verify_transaction.
append(transaction)
                                if transaction not in all_block_
transactions:
                                    all_block_transactions.
append(transaction)
```

```
                        else:
                          return False
            with multiprocessing.Pool() as pool:
                vtr = pool.map(self.verify_transaction, for_verify_
transaction)
            if False in vtr:
                return False
            if all_block_transactions != []:
                if min(self.account_calc(all_block_transactions).
values()) < 0:#マイナスのアカウントがあったら不良ブロックチェーン
                    return False
                if self.nft_calc(all_block_transactions) == False:
                    return False
            self.current_pow_difficulty = current_pow_difficulty
            return True

（省略）
```

●リスト7-2　blockchain.py（一部抜粋）

「blockchain.py」の変更箇所について説明していきます。

　Pythonには、マルチプロセスを実行するためのmultiprocessingライブラリがあるので、それを利用します。詳細な説明は、以下の公式ページに譲りますが、ここではPoolオブジェクトのmapメソッドを使ってverify_transactionメソッドを並列処理するようにしています。

https://docs.python.org/ja/3/library/multiprocessing.html

　具体的には、verify_chainメソッドの中で各ブロックに含まれるトランザクションに対して、順番に行われていたverify_transactionメソッドをスキップして、代わりに各トランザクションをリスト（for_verify_transaction）に加えておきます。

　そして、ブロックの処理が終わったところで、全トランザクション（報酬トランザクションは除く）を対象にverify_transactionメソッドをマルチプロセスで走らせるようにしています。これが可能なのは、verify_transactionメソッド内部の処理は、トランザクション間の依存関係がなく、かつ、1個でも問題のあるトランザクションが見つかれば全体に問題ありと見なせるためです。

それでは、実際にどれくらい速くなるか試してみましょう。

ちょっと贅沢に「c6a.4xlarge」を使ってみましょう。

■画面7-8　6a.4xlargeの情報

　vCPUが16個も載っています。ただし、1時間あたりの使用料は、「t2.micro」の約50倍です。高いですが、1,000トランザクションだと速度差が分かりにくいかもしれませんので10,000トランザクションで比較してみました。「t2.micro」だとverify_chainメソッド完了に約40秒かかるところ、「c6a.4xlarge」だと約5秒でした。

　マルチプロセス処理のためのオーバーヘッドがあるので、単純にvCPUの数の倍数だけ速くなるわけではありませんが、10,000トランザクションを約5秒で処理できるのは心強いです。そして、EC2には沢山の種類のインスタンスが用意されています。たとえば「c6a.metal」なら192個もvCPUが載っています。

▼ インスタンスタイプ　情報

インスタンスタイプ

c6a.metal
ファミリー: c6a　　192 vCPU　　384 GiB メモリ　　現行世代: true
オンデマンド SUSE 料金: 9.3698 USD 1 時間あたり
オンデマンド RHEL 料金: 9.3748 USD 1 時間あたり
オンデマンド Linux 料金: 9.2448 USD 1 時間あたり
オンデマンド Windows 料金: 18.0768 USD 1 時間あたり

■画面7-9　c6a.metalの情報

　さすがに、お値段もすごいことになりますが、お金さえ払えば大量のトランザクションも処理可能だというのは安心です。

　リスト7-2のマルチプロセス処理は非常に単純なやり方ですので、スクリプトを工夫すれば、さらに速くトランザクションを処理することが可能になると思われます。

7-3

その他運用に際し留意する点

いよいよ、本書も最後の節になります。この節ではブロックチェーン運用に際し留意しておくべき点について順番に説明していきます。

7-3-1. 何ブロック伸びれば安心か

4-1-1で、ピザ屋さんが「ブロックチェーンに自分宛ての送金トランザクションが含まれていることを確認してから、ピザを配達すればよい」、というような話をしました。しかし、ブロックチェーンは、ここまでスクリプトで見てきたように、「最も長いブロックチェーンが正しい」とされてしまいます。

そして、誰がマイニングに成功するかは、「数当てゲーム」なので、ランダムで決まります。

だとすると、ピザを届けた後に、二重譲渡を狙うマイナーによって作成された別のブロック（ピザ屋への送金トランザクションではなく、他人への送金トランザクションがブロックに入っているもの）の方が、伸張していって、結果として、そちらのブロックチェーンがシステムに受け付けられる可能性もあります。

そうなると、「ピザを届けた後の送金は、無効」という、ことになります（ピザ屋へ送金トランザクション自体は、トランザクションプールに存在するが、送金者のアカウント残高不足のためブロックチェーンには入らない）。

さて、これは困ります。

それでは、どうすれば解決するのでしょうか？

この問題については、サトシ ナカモト氏の論文でも触れられています。結論から言えば「充分な、時間を待てば、後から送金が無効になることはない」ということになります。

具体的に、「どれくらい待てばよいか？」については、二重譲渡を試みる攻撃者がどれくらいのCPUパワーを持っているかに依存します。ネットワーク全体、つまり「全マイナーの計算処理能力に対して攻撃者がどれくらいの計算処理能力を保持しているか」、に左右されるということです。

サトシ ナカモト氏の論文では、「**ポアソン分布**」を使って説明していますが、攻撃者の伸ばそうとしているブロックチェーンが、元のブロックチェーンの長さを

追い抜いてしまう確率を0.1%未満にするためには、「攻撃者のCPUパワーが全体に対して10%の場合は、5ブロック待てばよい」と、結論づけています。

　ちなみに、攻撃者のCPUパワーが全体に対して20%の場合は、11ブロックとなります。

　慣習的には、6ブロック、つまり、「1時間待てば大丈夫」ということになっています（平均マイニング時間が10分の場合）。その場合、もし、ブロックチェーンによる送金で支払いをするとなると、ピザを注文してから1時間以上は、待たないとピザは届かないということになります。

7-3-2.51%攻撃

　先ほど、「攻撃者のCPUパワーが全体に対して10%の場合は5ブロック待てばよい」ということを述べましたが、それでは、「もし、攻撃者のCPUパワーが全体の半分を超えていたらどうなる」のでしょうか？

　この場合は、もはや攻撃者のやりたい放題となります。今まで見てきたスクリプトの仕組みを見れば明らかですが、後からいくらでもブロックチェーンを好きなように書き替えられてしまいます。

　二重譲渡もやりたい放題です。ですので、比較的小さなCPUパワーしか持っていない、小規模で始めたブロックチェーンシステムが、外部からの強大なCPUパワーをもって、「ブロックチェーンを好きなように改ざんされてしまう」、ということはあり得ます。

　これを避けるためには、サーバへのアクセスを制限するという方法があります。EC2インスタンスを起動する際に、これまでは、3-1-1で説明したように、ソースタイプを「任意の場所」としていました。つまり、誰でもアクセス可能な状態です。

　よく見ると、以下のようなワーニングも出ていました。

> ⚠ 送信元が0.0.0.0/0のルールを指定すると、すべてのIPアドレスからインスタンスにアクセスすることが許可されます。セキュリティグループのルールを設定して、既知のIPアドレスからのみアクセスできるようにすることをお勧めします。　✕

■画面7-10　セキュリティのワーニング表示

　これを「特定のIPアドレスを指定」することにより、そのIPアドレスからしか

接続できないようにすることが可能になります。

https://repost.aws/ja/knowledge-center/ec2-block-or-allow-ips

　たとえば、仲間内のIPアドレスをリスト化して、「そこからのアクセスのみ許可する」というやり方ができます。ただし、これをやってしまうと、広く世に開けたブロックチェーンでは、なくなってしまうので、ある程度仲間が集まり、全体のCPUパワーが増えた時点で誰からでもアクセスできるように変更した方がよいかもしれません。

　そもそも、わざわざコストをかけて強大なCPUパワーを使って当ブロックチェーンを書き替えようとする人間はあまりいないと思います（信頼の低下でブロックチェーンのコイン価値が下がってしまうので）。

　ちなみに、ブロックチェーン運用の初期にアクセス可能なIPアドレスを制限するのは、他のメリットもあります。たとえば、スクリプトを見て既にお気付きだと思いますが、ブロックチェーンに関わるパラメータを少しでもいじると、それまでのブロックチェーンを受け付けなくなってしまいます。

　一例をあげれば、「REWARD_AMOUNT_ORIGIN」を「256だと少ないから512にしよう」と、サーバのスクリプトを変更します。すると、今まで作ってきたブロックチェーンが、「verify_chainメソッドを通らなく」なります。

　このとき、開発中の仲間なら、「すみません。これまでマイニングした分を破棄して、最初からやり直させてください」と、言えます。しかし、第三者が加わっていたら、「私がマイニングしたコインを返してくれ」ということになりかねません。

　つまり、試験運用中は、IPアドレスを制限した方がよいと思います。

7-3-3. ブロックチェーンのすり替え

　これは、本書に沿って学習を進めている方に特に「注意して」欲しいことです。

　前述の51％攻撃の話は、悪意のある人物を前提としていますが、この「ブロックチェーンのすり替え」の話は、全く異なります。

　たとえば、「あるグループAが、本書に沿ってブロックチェーンを立ち上げた」とします。そして、ほぼ同時期に全く別の「グループBも同じようにブロック

チェーンを立ち上げた」とします。

　AもBも順調に参加者が増えて、トランザクション数も100,000を超え、利用している人も増えてきました。ところが、ある日、両方のブロックチェーンに参加している「Cさんが、グループAでマイニングした結果（ブロックチェーン）を誤ってグループBのサーバに送信」してしまいました。

　このとき、「グループBの既存のブロックチェーンの長さはグループAのものより短かった」とします。すると、何が起こるでしょうか？

　グループBの全トランザクションデータを含む全てのサーバのブロックチェーンは、「Cさんが送信したブロックチェーンによって、完全に上書きされて消えてしまう」ということになります。これは、想像するだけで恐ろしい状況です。

　このような状況を避ける対策として、Blockchainクラスのコンストラクタ中で作成されている「first_block」をオリジナリティのあるものに書き替えます。

　上記の悲劇が起こった理由は、この「first_block」が全く同じだったからです。「first_block」が違っていれば、不良ブロックチェーンとしてサーバから受信を拒絶されたはずです。

　なので、「first_block」の"hash"キーに設定する値を"SimplestBlockChain"以外の値、たとえば、適当な公開鍵アドレスにするようにします。

7-3-4.新規サーバの加入をどうするか

　「新規にブロックチェーンを立ち上げる場合、新たなサーバをどのようにして既存のブロックチェーンネットワークに加えるべきか」を考える必要があります。

　十数行程度のスクリプトを書けば、いつでも誰でも新規サーバのIPアドレスをNode_Listに加えられるようにすることも可能です。しかし、とりあえずは人手を介してnode_list.pyのNode_Listを更新するというやり方でよいと思います。

　GitHub上でソースコードを管理しながらNode_Listも管理するというやり方もできます。新しく参加したい人は、Node_Listに自分の立ち上げたサーバのIPアドレスを含めてもらうようGitHubでプルリクエストを出せばOKです。GitHubの管理メンバで、いくつかテスト（トランザクションやブロックチェーンを受信できるかなど）をして問題がないと判断したらマージするという感じです。

　このGitHubのリポジトリを参照すれば、マイニング時のブロックチェーンや送金時のトランザクションの送信先も分かります。もし、7-3-2で説明したように

アクセス可能なIPアドレスを制限するのであれば、そのリストもこのリポジトリ上で管理すればよいと思いますが、このへんは、ブロックチェーンの使用目的にも関わってくるので、利用者間で相談して決めてください。

7-3-5. システムは更新され続ける

さて、これで完璧なブロックチェーンが運用可能になったでしょうか？

残念ながら世の中のどのブロックチェーンでも「完璧」というものは存在しません。あの**ビットコイン**も初期の頃は色々な問題が発生していました。以下のウェブの記事が分かりやすく解説してくれています。

https://www.ogis-ri.co.jp/otc/hiroba/technical/bitcoinpaper/part7.html

ですので、ベストを尽くして運用しながら適宜問題に対処していく、という方法にならざるを得ません。

たとえば、今はブロックあたりのトランザクション数を制限していませんが、本当にこれで大丈夫でしょうか。また、古いトランザクションがずっとトランザクションプールに留まり続けるのは問題にならないでしょうか。実際に運用していくと他にも色々な問題が出てくるかもしれません。

あくまでも、本書のブロックチェーンは実運用のための足がかりです。常にブラッシュアップしていって皆さんそれぞれの素晴らしいブロックチェーンシステムに仕上げてもらえれば作者冥利に尽きます。

索引

索引

【数字】

51%攻撃 ················· 183

【アルファベット】

add_transaction_pool ············· 88

Amazon EC2 ····················· 32

Anaconda ························ 18

AWS（Amazon Web Services） ······· 32

Chain ··························· 82

CPUクレジット ·················· 176

create_new_blockメソッド ········· 90

ecdsa ·························· 24

Elastic IPアドレスを割り当てる ······· 171

ERC-721 ······················ 144

False ·························· 24

FastAPI ···················· 32、46

first_block ····················· 88

hashlibライブラリ ················ 76

hashメソッド ···················· 89

hexdigestメソッド ················ 76

ISOフォーマット ················· 20

load_blockchainメソッド ·········· 89

MIDIファイル ··················· 159

mp3 ·························· 159

nanoエディター ················· 168

NFT ·························· 142

nft_data ······················ 151

nft_origin ····················· 151

NFTトランザクション ·············· 151

NFTをどのようにしてブロックチェーン
　に載せられる ················· 156

nonce ·························· 78

Non-Fungible Token ············· 142

null ··························· 67

Number used once ·············· 78

POW_DIFFICULTY ··········· 88、125

Proof Of Work ·················· 79

public_key ····················· 24

replace_chainメソッド ············ 90

REWARD_AMOUNT ·············· 88

save_blockchainメソッド ··········· 89

Secp256k1 ····················· 24

secret_key ····················· 24

set_all_block_transactionsメソッド ····· 89

sha256 ························ 76

signature ······················ 24

systemd ······················ 168

t2.microインスタンス ·············· 32

TRUE ·························· 24

UTF-8 ····················· 24、76

vCPU ························· 176

verify_chainメソッド ·············· 89

Visual Studio Code ··············· 18

【あ行】

アドレス ························ 25

イーサリアムでトークンを扱う場合の規格
　·························· 144

今、保持しているものより、長いブロック
　チェーンしか受け付けない……… 75、79
インフレ抑制……………………… 138
インフレ率………………………… 138
エスクロー………………………… 164
エラー………………………………… 24
オフチェーンNFT………………… 144
オンチェーンNFT………………… 144

【か行】
数当てゲーム………………………… 79
仮想的……………………………… 176
逆送金………………………………… 61
逆送金のテスト……………………… 68
検証に時間がかからない…………… 79
コイン………………………………… 12
公開鍵………………………………… 22
公開鍵から秘密鍵を作成すること…22
高負荷の計算処理…………………… 77

【さ行】
サーバがブロックチェーンをブロード
　キャストする…………………… 120
サトシ ナカモト…………………… 12
辞書型………………………………… 18
譲渡…………………………… 156、160
衝突…………………………………… 76
徐々に下げる……………………… 134
所有権……………………………… 156

【た行】
台帳…………………………………… 12

タイムラグ…………………………… 74
楕円曲線暗号………………………… 24
多重支払い…………………………… 72
誰もが使えるブロックチェーン……… 108
著作権……………………………… 156
通貨の価値が徐々に落ちていく…… 125
使い捨ての適当な数………………… 78
電子署名……………………………… 22
トークン…………………………… 142
ドット絵…………………………… 157
トランザクション…………………… 13
トランザクションのブロードキャスト…113

【な行】
仲間を見つける…………………… 108
投げっぱなし……………………… 123
難易度……………………………… 130
ナンス………………………………… 78
二重支払い…………………………… 72
二重譲渡…………………………… 145
任意のデータを入れる場所……… 142

【は行】
バイト型文字列……………………… 76
ハッキング…………………………… 67
発行…………………………………… 74
ハッシュ関数………………………… 75
ハッシュ値………………… 75、146
ビットコイン…………………… 12、186
秘密鍵………………………………… 22
ブロック……………………………… 13
ブロックチェーン……………… 12、13

ブロックチェーンのすり替え………………184

ポアソン分布……………………………182

報酬……………………………… 14、74

報酬が最終的に0にはならない………134

報酬を半減する頻度……………………137

他には無い、唯一無二のデータ………142

【ま行】

マイナー……………………………………90

マイナーが全サーバに対してブロード
　キャストする……………………………120

マイナー側………………………………109

マイニング……………………… 14、75

マイニングの難易度を自動調整する仕組み
　……………………………………………125

マルチスレッド…………………………117

無料利用枠………………………………108

【や行】

唯一性………………………………………142

【ら行】

乱数…………………………………………78

リスト型……………………………………18

リユース……………………………………61

流通過程で二重譲渡を防ぐ仕組み………145

ルールに従っている……………………109

ローカル…………………………………109

■著者プロフィール

安田　恒（やすだ　わたる）

株式会社最先端研究開発支援センター代表取締役社長

1994年横浜国立大学工学部電子情報工学科卒業。
同年、旭化成に入社。
その後、1997年より計測機器ベンチャー企業である株式会社
ワイ・オー・システムの代表取締役社長に就任。当時、債務超
過であった当社を2年で売上を約2倍、経常利益率を約1割ま
で回復させる。2001年に米国NASDAQ上場企業を含む3社
へ事業を売却し、社外23社のベンチャーキャピタルを含む全
株主に対し、投資された金額を大幅に越えるリターンを実現。
その後、株式会社ミスミ、株式会社国際電気通信基礎技術研究
所（ATR）などを経て2015年3月より現職。

マイニングやNFTを無料で本格運用できる

ブロックチェーンを作る！

発行日　2023年　9月18日　　　第1版第1刷

著　者　安田　恒

発行者　斉藤　和邦
発行所　株式会社　秀和システム
　　　　〒135-0016
　　　　東京都江東区東陽2-4-2　新宮ビル2F
　　　　Tel 03-6264-3105（販売）Fax 03-6264-3094
印刷所　三松堂印刷株式会社　　　　　Printed in Japan

ISBN 978-4-7980-7027-8 C3055